U0724864

人生如**清茶**，
细品方**知味**

诗意的人生，优雅地过：

卡耐基写给女人的幸福箴言

〔美〕戴尔·卡耐基／著　徐志晶／编译

南京出版传媒集团
南京出版社

图书在版编目（CIP）数据

诗意的人生，优雅地过 ：卡耐基写给女人的幸福箴言 /（美）戴尔·卡耐基著 ；徐志晶编译. —— 南京 ：南京出版社，2016.11

（清茶）

ISBN 978-7-5533-1458-7

Ⅰ. ①诗… Ⅱ. ①戴…②徐… Ⅲ. ①女性－成功心理－通俗读物 Ⅳ. ①B848.4-49

中国版本图书馆CIP数据核字（2016）第180756号

书　　名：诗意的人生，优雅地过：卡耐基写给女人的幸福箴言
作　　者：〔美〕戴尔·卡耐基
编　　译：徐志晶
出版发行：南京出版传媒集团 南京出版社
　　社　　址：南京市太平门街53号　　邮　编：210016
　　网　　址：http://www.njcbs.cn　　电子信箱：njcbs1988@163.com
　　淘宝网店：http://njpress.taobao.com　天猫网店：http://njcbcmjtts.tmall.com
　　联系电话：025-83283893、83283864（营销）025-83112257（编务）

出 版 人：朱同芳
出 品 人：卢海鸣
责任编辑：许小彦
责任印制：杨福彬

策　　划：北京日知图书有限公司
印　　刷：北京艺堂印刷有限公司
开　　本：880毫米×1280毫米　1/32
印　　张：7
字　　数：140千字
版　　次：2016年11月第1版
印　　次：2016年11月第1次印刷
书　　号：ISBN 978-7-5533-1458-7
定　　价：28.00元

营销分类：励志

幸福是一朵开在心里的花

大千世界，芸芸众生，每个人都在找寻幸福，而女人更是对这个问题格外关注，但却少有人参透幸福的真谛。

对女人而言，幸福是一种稳定而持久的状态，是内心世界与外部世界相磨合后达到的平衡，它不是突如其来的激情，也不是金钱与名利下的浮华，而是激情经过沉淀，铅华被岁月洗去，一切清澈澄明之时，所寻觅到的心灵上的归依。

然而，任何人想要拥抱幸福，必须做一番努力与调整才行。可想而知，幸福不会对一个满腹抱怨的女人投以青眼，也不会为一个外在不修边幅，内在灵魂枯萎的女人而停驻，更不会将光芒照射在一个只顾工作忽略家庭，或者完全依附于家庭而不独立寻求自身价值的女人身上。

所以，作为一个女人，想获得幸福眷顾，拥有美好的人生，既要对生活保持着昂扬的姿态，浑身充满正能量，更要内外兼修，并睿智的在家庭与事业间取得平衡。独立而自信，优雅而淡定。也许这些看似很难，但只要你用心感受，努力经营，幸福的芬芳，就会在你改变着的每一天里愈加弥漫。待你回首来时路，将会看到一个更加美好的自己，在一连串的华丽转身下，睿智成熟，巧笑嫣然。

Contents 目录

Part 01

大女人所向披靡，好心态成就幸福人生

怀着一个良好的心态看世界，即便突遭风雪也可领略银装素裹的妖娆，世界的好与不好，关键在于你心里选取的视角。

Happiness
亲，别抱怨，
请与生活握手言和

要想拥有一颗感知幸福的心，
首先就要对人生充满热情，
而不是生活在抱怨中。
只有当你以积极的心态对待生活中的事情时，
你才会发现，幸福其实无处不在。

"我怎么这么不幸呢？"在生活中，我们无数次听到许多女性这样抱怨。她们抱怨自己的生活不如意，丈夫不体贴，孩子不听话，身材不够好……从她们口中，几乎发现不了自己生活中的如意之处，尽管别人私下里对她们羡慕不已。

这真是一个奇怪的现象。到底为什么这些女性感受不到自己身边的幸福？其实，通过格莱明夫妇，或许你就能找到问题的答案。

那天清晨，杰森在院子里散步。一幅美好的画面吸引了他：一棵高大的树旁，一位轮椅上的老人在静静地看着远方。一位老妇人出现了，轮椅上的老人抬头看着走来的老妇人，笑了。很温馨的一幅画面。他知道，这又是格莱明夫妇在享受阳光。

格莱明先生年轻时是一家公司的总裁，退休后身患重病，与轮椅为伴已经十多年了。都说久病之人性格古怪，格莱明先生偶尔也会大吼大叫。但奇怪的是，只要格莱明太太出现，这吼叫声就消失了，取而代之的是甜蜜的微笑和深情的注视。

那天，我听说格莱明先生病了，可能会不久于世。没想到，今天早晨，我仍看到了他们。在晨光的沐浴下，两人的脸上满是祥和与安静。看到我，格莱明先生一脸幸福地说："早安，卡耐基先生！今天的阳光真美。"

是啊，今天的阳光真美。小小的满足和幸福就洋溢在他们的脸上。因为他们发现了当下的幸福。

其实，正如格莱明夫妇享受阳光一样，幸福无处不在，离我们并不远。重要的是，我们能有一颗随时随地发现幸福的心。而这颗发现之心，才是最难得的。

在生活中，抱怨无处不在：父母抱怨孩子不懂事，孩子抱怨家长不体谅自己，职员抱怨自己付出的多获得的少，老板抱怨生意难做、员工不用心……无数的抱怨充斥在我们的周围。于是在抱怨中，我们总会发现身边的不完美、不如意，总觉得上帝待我们极其不公正。在周而复始的抱怨中，那些原来可以感受到的点点幸福就消失了。

我的一位学心理学的朋友曾告诉我，良好的心理暗示可以引导我们走向成功和幸福，而不良的心理暗示，则会导致我们灰暗的人生。其实，抱怨不就是一种灰暗的心理暗示吗？如果把抱怨比作一种慢性毒药，那它就在每天侵蚀着我们的精神健康，甚至身体健康。于是，在抱怨中，幸福远离我们，我们那发现幸福的眼睛就在这个过程中，被抱怨遮蔽。长期下来，意志之堤终致溃败，最终使自己远离幸福。

有一位商人，一直认为自己不幸福。虽然他已经家财万贯，但一想到自己身边的事情，他就觉得自己是天底下最不幸的人。那一天，他发现了一个奇怪的现象。

在商人的牧场边，生活着一对靠捡垃圾为生的夫妻。这对夫妻每天早早出门，很晚才回家。一回到家，他们就会坐在一张凳子上，把双脚泡在盆中，接着就开始唱歌。一直唱到月亮升起来，他们才进屋睡觉。

商人觉得很奇怪，自己每天都快让生活压死了，他们生活贫困，竟然还会如此开心？带着疑问，商人问了这对夫妻。得到的回答是："为什么不开心呢？我们感到很幸福。你看，脚放在水里泡着时，一天的劳累消失了。唱起歌，心中全是劳累后的开心。更不用说，还有那美好的月光了。这么幸福的生活，为什么不放声歌唱呢？"

其实，同样的幸福也在商人的身边，只不过，商人被自己的眼睛蒙蔽了，不能发现身边那些微小的幸福。其实仔细看一看，我们的身边并不缺少幸福：饥饿中的人，吃到第一口饭，格外幸福；口渴中的人，喝到第一口水，分外幸福；长期失业的人，找到一份工作，更是难抑的幸福……

其实，幸福就是这么简单。如果抛开抱怨，你会发现，幸福随时随地就在你的身边。葡萄牙作家费尔南多·佩索阿说："真正的景观是我们自己创造的，因为我们是它们的上帝。我对世界七大洲的任何地方既没有兴趣，也没有真正去看过。我游历我自己的第八大洲。"事实就像费尔南多·佩索阿所说，在生活中，真正的幸福也是我们自己创造的，我们是我们自己的上帝。只有我们自己，才能创造自己的幸福世界。

抱怨解决不了问题，反而会让事情变得更加糟糕。不如放宽心，让自己活得轻松一些，让对方也活得轻松一些，这样的结果岂不是对大家都好？当你改变自己之后，你会看到每天都充满快乐的自己，也会明白幸福其实很简单。这个世界不是每件事情都是圆满的，如果你能把不必要的忧虑放下，你会发现，一旦看透了得失，战胜了自己，你就会是这个世界上最幸福的人。

幸福箴言　　　　*Sayings on happiness*

抱怨不但对我们的幸福无益，还会降低幸福指数。每抱怨一分，幸福就远离一分。与其抱怨，不如培养自己拥有一颗感受身边幸福的心。这样做之后，你会发现，在生活中演绎好自己的角色就是最幸福的事。

Happiness
送出赞美，齿间留香

如果没有一颗欣赏他人的心，
女性就难以培养出宁静安详的气质，
当你欣赏、赞美别人的美好时，
自己也受到了美的熏陶。

威廉·扎姆士曾经说过："人类本质最殷切的需求就是渴望被人肯定。"而在哲学家约翰·杜威看来，"希望具有重要性"是人类本质中最深远的驱动力。

去年秋天，我曾经在一次集会的时候，遇到了一位性格开朗的女培训师莫妮卡小姐，她已经在社会上打拼近二十年，年纪估计也在四十岁以上了，但是当我们看到她时，印象最深的是她的活力十足与笑语不断，她整个人看起来好像只有三十岁一样。

当莫妮卡介绍她的同伴给我们的时候，充分展现出了自己的风趣，她介绍一位女士的时候说："这位美女就是我们加州最棒的撰稿人之一——艾尔小姐。"而说到自己年轻的同事时，她则是赞许道："不要看霍华德年轻，他可是我们培训行业的明日之星。"被莫妮卡小姐提到的人全都笑着说"过奖"，大家一片欢声笑语。莫妮卡是在巴结人吗？不是，她比她称赞的人名气都大。我发现，莫妮卡的这些赞美总是会让场面充满了温馨感，被她提到的人也会变得很活跃。

"当我看到别人身上的闪光点的时候，我会毫不吝惜地夸赞他们，虽然有些人会不好意思，但实际上大家都很高兴。"在我采访莫妮卡的时候，她这样笑着说。

"卡耐基先生，你在培训过程中也经常这样做对吗？赞美可以提升一个人的自信，使他有更强的动力。不过，对于我而言，欣赏别人并不是一种带有目的性的职业行为。虽然我是一个培训师，但是我对他人的欣赏是发自肺腑的，我对于自己喜欢的事物会非常流畅地说出赞美的话来，这已经成为一种生活习惯。而且我发现，当我告诉女儿她的蜡笔画非常新颖，告诉丈夫他挑的新领带非常有眼光，告诉下属他的工作取得了很大进步时，看到他们高兴的样子，我发现自己也会变得很开心。"

莫妮卡喜欢赞美别人，那么就让我来赞美她一句吧：她看起来是一个非常快乐和有活力的女人，魅力四射。

女士们，向莫妮卡学习吧。一个幸福的女人懂得如何赞美别人，她会赞美自己的家人、自己的朋友、自己的同伴、自己的下属。会赞美别人的女性，在言谈中会给别人带来阳光和温暖。

幸福箴言　　　*Sayings on happiness*

赞美和欣赏，是生活中的宝贵品质，就像是盛开的花朵，当你将它送与他人时，自己也会收获一份芬芳。

Happiness

这世界，终会感谢你的宽宥

《圣经》中说："爱你们的仇人，
善待恨你们的人；诅咒你的，要为他祝福，
凌辱你的，要为他祷告。"
宽容者有着开阔的心胸，女士们，
若是想获得心灵的完满与畅达，
就用一颗宽容的心去对待别人吧！

　　我的侄女乔瑟芬曾经在我那里做过一段时间的秘书，她那时只有十九岁，既没有上过大学，也没有任何工作经验。当她来到我的办公室担任秘书之后就变成了一个麻烦的中心，常常会犯错误。我心里很不高兴，在我看来，她做的工作本来都是极简单的事，根本不应该犯错，但是她总是以各种理由把事情搞砸了。我因此经常严厉地批评她，但是令我更加烦闷的是，乔瑟芬在错误中吸取不了任何经验，她不断犯下同样的错误，我的批评对她毫无作用。就这样，乔瑟芬的工作一直驻足不前，她每次看到我都很害怕，甚至故意躲着我。

　　有一天，乔瑟芬又犯了一个错误。我本来打算叫她过来批评一

顿，但是我突然冷静下来，我对自己说："等一下，卡耐基，你对乔瑟芬要求太严格了。你的年纪几乎是她的两倍，做事经验是她的好几倍，怎么能够要求她和你做得一样好呢？更何况你自己也不是很出色啊！说不定在你十九岁的时候，水平还不如乔瑟芬呢！"

自我反思之后，我决定对乔瑟芬宽容一些。半小时后，我仍然叫来了乔瑟芬，但是这次不是批评，我温和地对她说："乔瑟芬，我刚才想了一下，你现在才十九岁，能做到现在的水平已经相当不错了，以前我未必能像你这样能干呢。不过你毕竟年轻，难免会犯下一些错误。我的年纪比你大，经验也比你更丰富一些，你愿意接受我的工作建议吗？"不再挨训的乔瑟芬喜出望外，她耐心地听取了我的指导意见。从那以后，乔瑟芬进步飞快，再没有犯过同样的错误。

在我看来，宽容待人是人生的真谛。一个性情高尚的人应当能够容人之短，世界上没有完美的人和物，过于苛求只会让自己变得狭隘焦虑。

宽容，代表了宽广的胸襟，是衡量一个人气质涵养、道德水准的尺度。女士们，无论你是做一个成功的职业人士，还是以女人的特定身份让自己幸福，都要有一颗宽容的心。

幸福箴言　　　　*Sayings on happiness*

人的一生中会拥有很多财富，其中一种叫作宽容。宽容是一种伟大的力量，它可以使人放下仇怨，看淡过失与差错，把生活变得更美好。与其小肚鸡肠，不如做个宽容的人，那样，你会更加幸福。

你的微笑，总能让风雨不再飘摇

无论何时何地，
当你看到眼前人露出春风般的一笑时，
就会感到一种温暖人心的力量充满了全身。
微笑具有强大的力量，
能像彩色的画笔一样涂掉生活的阴霾，
绘制出美丽的人生画卷。

　　有一段时间，我受邀去巴黎小住了几天。既然到了这座古老的艺术城市，就不能不去看那些享誉世界的艺术珍品，我参观了卢浮宫，见识到了丰富的馆藏艺术品，每一件都价值连城，令参观者赞叹不已。在这些艺术品当中，我被达·芬奇的名作《蒙娜丽莎的微笑》吸引了。

　　《蒙娜丽莎的微笑》是世界顶级艺术品，由达·芬奇创作，绘出了一位端庄优雅的贵族女子的形象。达·芬奇在创作它时把线条和光线处理得略为模糊，给人非常梦幻的感觉。数百年来，人们对于蒙娜丽莎的魅力进行了无数的探究。其中，最令人沉迷的就是蒙娜丽莎露出的微笑。

画上的蒙娜丽莎并不是一个倾国倾城的美女，按现在的眼光来看只能称得上相貌端庄，但是她眉眼和嘴角展露出来的微微笑意却倾倒众生。那抹若隐若现的笑容安详而恬静，令人不由自主地凝望她。

女士们，或许你的笑容不像蒙娜丽莎那样神秘，但是仍然具有无穷的魅力。女性的微笑是世界上令人感到安详的力量之一。拥有这项美好能力的女士们请更好地去运用它，为自己、为别人营造出温暖的生活氛围。作为一个职业女性，无论你的工作是在办公室里处理文件、作决策还是直接面对顾客，保持微笑都会感染身边的人，使工作场合中充满了快乐的氛围，大家的工作劲头也会节节攀升。作为女儿、女友、妻子、母亲，女性更加应该微笑，用自己的微笑向亲人传达出"我很好，很幸福"的讯号，使人安心，催人上进。即使是在困境当中，一个微笑的人能够感受到的苦难也比一个哭丧着脸的人要少得多，因为，这份笑容从脸上渗透到了心里，让人充满了信心和斗志。

一个经常微笑的人会有无穷的干劲去打拼，绝不肯在挫折面前低头，尽管有一时的失意，却不会动摇他继续努力的决心。微笑是自信和热情的体现，当你微笑时，没有什么可以阻止你前进的步伐。

在纽约有一位保险推销员，他的学历不高，口才也一般，在最初从事这一行业的时候遇到了很多困难，在开始的几个月里他没有为公司拿到一份订单，也因此没有薪水可拿，他的生活越来越窘迫。

这个推销员每天要为自己的衣食奔波，连租房的钱都没有。但是他无论生活多么困顿，都没有忘记在出门后用微笑面对见到的每一个人。虽然他衣着寒酸，但是他的笑容非常自然爽朗，把乐观传递给每个见到他微笑的人。

有一天，推销员到了一家大公司向这里的总经理推销保险业务，虽然他做好了又一次失败的准备，但是他仍然微笑着走进总经理的办公室为对方介绍保险种类。半个小时之后，总经理欣然和他签了约，成为他的第一个大客户。总经理说："虽然你看上去并不是很出色，但是你的微笑让我感觉到了你的乐观和诚意，我想把这份合同交给你是没有错的。"

推销员终于挣到了自己入行以来的第一笔钱。在以后的日子里，他仍然贯彻着自己微笑对人的态度，不断进步，做成了很多笔生意，他本人获得了几百万美元的财富。而他的微笑也成为成功推销员的代名词，人们把他的微笑称为"最自信的微笑"。

女士们，当你微笑着面对自己的家人、爱人时，就会给他们带来生活中的暖色调，使生活更加美满；当你微笑着面对客户或是陌生人时，他们感受到的是诚意和自信，更加愿意与你交流；当你微笑着帮助有困难的人时，他们会相信生活还是有希望的，会重新燃起希望。

幸福箴言 *Sayings on happiness*

微笑是女人最美的一面，一个普通的女性拥有灿烂的笑容之后也会变得很迷人。想要生活得更加幸福，就尽情地微笑吧！

站在镜子前面，
静静地凝视自己，
然后学会欣赏，
我要和自己握手言和，
用自信做武器，
打一场漂亮的仗。

Happiness

欲望这道菜，最好吃"半分饱"

欲望有很多种，对成功的渴望让人不断向前进，
这样的欲望是我经常向学员们传达的。
但是在这里，我想告诉女士们，
控制欲望也会带来幸福。

　　有一天，我遇到了一位女性朋友玛丽，她对我说："卡耐基，我听说你为很多人解决了难题，我现在很不快乐，你可以帮助我一下吗？"

　　我询问了她的现状，问她为什么而烦恼。玛丽说，她的丈夫毫无上进心，她并不渴望什么奢侈富贵的生活，但是她希望自己的丈夫能出人头地，在事业上有更好的发展。同时，她说她的孩子也很不争气，每次考试的成绩都不能符合她的要求。

　　我听了她的话，觉得她的烦恼有一定的道理，为了进一步确认，我问她："你的丈夫现在做到了什么职位？"玛丽回答我说："他现在是一个部门的主管。"我不禁有些困惑，能够做到主管已经很不错了，为什么玛丽会这么不满呢？她却回答："我怎么可能满意呢？主管还远远不够，以他的实力完全可以胜任经理、总经理，可他却不愿意去尝试，也不愿为此努力。"我又问了玛丽的孩子成绩如何，得知他在活跃于校园体育社团的情况下还可以拿到B以上，于是我说："按他的年纪，能够取得这样的成绩已经不错了。"玛丽却说："为什么他不能再拼一把，拿到A或者A+呢？"

通过这番谈话，我明白了，我告诉她："我知道你为什么不快乐了，因为你太贪婪了。"玛丽听到后大声反驳说："你怎么能这样说我！我结婚十几年都没有换过大房子，也没有买过奢侈品，我从来没有为缺少什么东西向丈夫抱怨过，怎么能说我贪婪呢？"

我回答她："贪婪不一定是在物质享乐上，虽然你对普通生活没有怨言，却在荣誉、地位、虚荣方面充满了急切的渴望，当现实与你的期望不符时，你就会感到痛苦了。其实仔细想一想，你的丈夫和儿子都十分善解人意，这难道不是非常幸运吗？"听了我的话，玛丽明白了她的症结所在，在我的建议下逐渐改善自己的心境，慢慢地，她整个人看起来快乐多了。

在我看来，欲望是一种很正常的心理现象，它促使人类不断进步，但是如果不能控制自己的各种欲望，只会越陷越深，在痛苦懊恼中无法自拔。

幸福箴言　*Sayings on happiness*

能够克制住自己欲望的女人是坚定的女人，也是知足的女人，当别人因为不满足而痛苦的时候，你却已经非常坦然了。

理性与感性，好女人都玩得转

坏情绪如同一种可怕的细菌，
在这种细菌的影响下，
人们往往会做出错误的，
乃至极端的选择。

　　一天，我的培训班来了一位女士向我咨询，她看起来愁容满面，非常痛苦。她一见到我就说："卡耐基先生，请你帮助我，我真是太痛苦了。我的情绪总是很暴躁，经常因为一些鸡毛蒜皮的小事就大吵大闹。我知道自己不对，可就是控制不了自己的情绪，无论什么场合我都是动不动就发狂，造成很难堪的局面——这样说自己真是痛苦，可是现在没有人愿意和我说话，也没有男士追求我。难道我不漂亮吗？为什么大家都躲着我？"

　　我想了想说："你是一个很有魅力的女士，但是周围的人都被你歇斯底里的情绪化举动吓到了，他们不敢承受身边人不时爆发的怒火，所以只好避开你。这位女士，如果你能够控制一下自己的情绪，可能就不会再发生这样的事，你的生活也会快乐很多。"

在现实中，我曾经遇到过不少像这位女士一样的女性，她们总是很烦恼，因为摆脱不了自己的坏情绪，她们的朋友很少，工作也经常出乱子。

茉莉亚是一家广告公司的高级职员，她思维敏捷、办事利落，能力之强是公司里上上下下公认的。但是她有一个缺点，就是不分场合和人物，说话太过直白，有时还非常冲动，口不择言。

有一次，茉莉亚的部门主管被提升到了分区当经理，主管的位置空了出来，茉莉亚认为自己一定能升职。但是过了几天，公司却宣布任命另外一个女同事做主管。茉莉亚心里非常不服，认为上司一定是和这个女职员有暧昧关系。茉莉亚越想越生气，气冲冲地去和经理要个说法，在办公室她义愤填膺地和经理理论，还说了很多自己的猜测，让经理下不来台。经理最后找了一些理由阻止茉莉亚继续追问，后来也不再重用她了。茉莉亚指责那位女同事的话传出去之后，大家觉得茉莉亚小肚鸡肠，慢慢地也不和她接近了。

茉莉亚对于自己的能力足够自信，但是她性格过于外露，心里不舒服就爆发出来，丝毫不考虑后果。结果如何，大家也看到了。在公司和团队里，大家需要的人才是办事能力强又沉着冷静的，谁会喜欢和太冲动的人一起工作呢。茉莉亚先是用怒火惹恼了上司，又用低沉情绪造成同事不满。这些都是太过情绪化的恶果。女士们，当你们在工作中出现了与茉莉亚相似的情况时，控制好自己的情绪，把注意力集中到工作中，否则只会被恶劣的情绪干扰到工作和事业。

有人说，女性的一部分魅力来自于她们的感性，对世间事物的感性认知使她们更加可爱和诗意。但是我认为，女性的理性思维同样具有魅力，一个善于用理性控制好自己情绪和行为的女人，对于伙伴和爱人来说都是值得信赖的对象。

幸福箴言 *Sayings on happiness*

人要学会支配情绪、控制情绪，而不是被情绪支配、控制，想成为一个生活中的强者，就要善于规划自己的心情"晴雨表"。

Happiness

永远向前走，切莫回头望

过去和未来，
对我们每个人来说，
不过是一个时间概念而已，
我们要相信当下每一时刻
发生在自己身上的事情都是最好的，
也要明了我们的生命都是以最好的方式展开的。
我们能把握的、能感受的，只有当下。

　　那是午后一个美妙的时刻，在一家咖啡馆的门前，美丽的爱丽丝邂逅了充满绅士风度的哲学家杰克，一瞬间，爱丽丝就这样爱上了这位风度翩翩的哲学家。后来，爱丽丝几经周折，打听到了杰克的地址。爱丽丝来到杰克的门口告诉他："先生，自从那天我们在咖啡馆门前相遇，我就对你一见钟情，我真的好想嫁给你，如果你娶了我，我相信你将会是世界上最幸福的人。如果你不愿意娶我，我想就再也没有一个人会像我这么爱你了。"

　　杰克是一个哲学家，遇到这样突如其来的事情，他总是要好好地想一番。"对不起，你让我再考虑一下吧。"他回答说。

爱丽丝没想到自己的意中人会这样对待自己，她不明白到底是他不喜欢她，还是他已经结婚了？就这样在等待的过程中，爱丽丝渐渐地对杰克失去了信心。不久之后，她便嫁人了。

在爱丽丝走了之后，杰克就开始用他惯有的哲学思维来考虑这件事情到底该怎么解决？等到他最后衡量好其实结婚或不结婚对他根本就没有多大的影响时，他决定去爱丽丝的家里向她求婚。他找到了爱丽丝的家，推开门，发现爱丽丝的父亲坐在屋里。杰克惴惴不安，对爱丽丝的父亲说："先生，你好，我想好了，我现在可以娶你的女儿了。"

听完杰克的话之后，他们面面相觑，爱丽丝的父亲说："对不起，先生，你来晚了，我女儿现在已经是三个孩子的母亲了。"听了爱丽丝父亲的话之后，杰克顿时心生凉意，"对不起，可以送我一张你女儿的照片吗？"杰克忐忑地问道。爱丽丝的父亲送给他一张爱丽丝结婚之前的照片。

杰克拿着爱丽丝的照片，迈着沉重的步伐离开了爱丽丝的家。没过多久，这位年轻的哲学家便郁郁而终，临死前他把自己倾尽毕生精力写出的著作全都焚毁了。在他的遗物中，只看见他在爱丽丝的照片上写了几句话："莫要先前犹豫，过后后悔，珍惜眼前，把握当下。"

幸福箴言 *Sayings on happiness*

世界上任何一个人都不会回到过去，也不能穿越未来，何不趁现在就放下那些束缚你的人情世故，还有所谓的功名利禄？当你真正放下这些的时候，你就会发现简单的幸福就在我们身边。

Happiness
放远一点的目光也许更明亮

如果一个人不为自己的明天着想，

我相信他是没有未来的。

未来虽说是未知数，

但是我们还是要以勇敢的心去追逐，

因为在你追逐的过程中有自己的理想做伴。

当你在未来实现了你的理想，

你就会明白自己曾经拥有的远见是多么正确。

　　我相信一个人能成功首先是他具备了常人所没有的远见，他知道该如何规划自己的未来，这主要来自于他自身的创造性思维。现如今被人们称为"牛仔大王"的李维·施特劳斯在西部的创业史中有一段被后人称颂的传奇故事。当年，他像大多数热血青年一样，带着自己的梦想不惜远离自己的家乡到西部这个陌生的地方来淘金。

　　一天，他在前往西部的路程中，发现前边有一条大河挡住了他的去路。他一时半会儿也想不到什么好方法，在河边等了好几天。被河挡住前路的人数在急剧增加，可是人们都没有办法过这条河。

最后，好多人实在撑不住，就原路返回了，还有的人从上游、下游绕道走了，更多的人是在抱怨，却没有一个人站出来找到解决问题的办法。而李维这个时候却心静如水，他想到多年以前曾经有人告诉他一个诀窍，那就是思考。于是，他站在河边，兴奋地告诉自己："多谢大河挡住了我的去路，又让我学会了如何解决困难。所有的事情都不是突然发生的，我想有因就必有果，我一定会找到解决的办法的。"没想到，他一会儿就真的想到了一个绝妙的办法——摆渡。于是，他就日夜开始做舟。虽然只是很小的竹排，但是每次也能载很多人，人们也都愿意花一点儿小钱就能到河的对岸了。就这样，他赚到了自己人生的第一桶金，虽说不多，但是这也要归功于他善于思考。

可是没过多久，摆渡的生意越来越不好做了，因为人们都看到了这个所谓的商机，都争相去做，也就赚不到什么钱了。于是，他就放弃了摆渡的生意，继续向西开始自己的淘金生涯。他终于来到了西部。可是，开始并没有他想象的那么顺利，因为这里到处都是来淘金的人。寻觅了好久，他才给自己找到了一块合适的地方，准备在这里大干一场，多赚点钱。可是好景不长，有一天，就在他干活的地方，来了很多凶神恶煞的人，自称是这个地方的管事，让他交管理费。由于对方人多势众，他还是交了一点儿，但这帮人嫌他交得太少了，把他打了一顿才罢休。他只好再去别的地方谋生，可是没过多久，同样的悲剧又在他的身上重演了。他想这样下去不是个办法，于是又开始思考起来。果然，他又想出了一件这里的人们都没有做过的事情——卖水。

虽然在富庶的西部，并不缺少金银财宝，但是李维当时没有足够强大的能力跟他人去争这些。西部属于沙漠地区，是极其干旱的。这里常年干旱，但是大多数的人都去追金逐银了，根本就无暇顾及这个。没过多久，李维便把卖水的生意做起来了，而且做得有声有色。后来，有好多人不断地加入到他开发的这个新兴行业里来。正当他的生意红红火火时，又有人出来捣乱了。

有一天早上，就在他兴致勃勃地开始准备工作时，一个身体结实的壮汉挡在他的前面恶狠狠地说："小矮子，我今天正式通知你，你现在的地盘是我的，从明天开始不允许你再到这里来卖水了。"他一开始还以为这个人只是跟他说笑，当他第二天来的时候却发现，那个壮汉早就站到了那里，没等他开口，就把他暴打了一顿，最后还把他卖水的工具都砸得稀烂。李维不得不再一次接受这个现实。在那个壮汉离去的时候，他的眼前一亮，马上调整了自己的心态，又开始兴奋地思考起来：看来真是天无绝人之路啊！上帝总是不会让我就此消沉下去，总是让我在挫折面前不断地成长。

他每天蹲在街头，看人来人往，注意人们的穿着，发现来西部的大多数人衣服都是没穿几天就破旧不堪。由于好多到西部淘金的人都没有固定的住所，大多数人都是随处搭帐篷，帐篷坏了就随处乱丢。所以，在西部到处都是被丢弃的大大小小的帐篷。于是，又一个好的想法浮现在李维的脑海里。他就像拾荒者一样到处去捡人们丢弃的帐篷，然后回家把这些捡来的帐篷洗得干干净净的。就是这么简单，就在他那个破作坊里，他做出了世界上第一条牛仔裤。从此，他的事业就一发不可收拾了，最后他终于成了世界闻名的"牛仔大王"。

人生在世，挫折在所难免。很多时候，我们在挫折面前惧怕了，退缩了，陷在困境中不能自拔，人也日渐消沉，最终一事无成。如果我们懂得在面临困境时，多往前看一步，着眼未来，就不会那么沮丧了。希望就在眼前，只有对理想永不放弃的人才能看到。其实，困境只是暂时的，困难也是机遇。我们一定要记住，面临困难时不要一味地抱怨，要意识到这正是时来运转的好时机。只有这样，理想才会实现，事业才会成功。

幸福箴言 *Sayings on happiness*

要想让自己拥有一个美好的未来，就要不断地改善自己，从自己或别人身上汲取最好的养料，这样幸福的道路才会广阔平坦。

Part 02

变美变魅，送你一点小心机

当一天的喧嚣散去，是时候给心灵的花圃施施肥，除除草，拿起一本书，在芬芳的墨香中追寻失落的感动与思考。

Happiness

腹有诗书气自华，
社会不爱"傻白甜"

想让自己的生活充实而惬意，
一个重要的方式就是多读书，
读一些好书。
在淡淡的书香中寻找到属于自己的爱和满足，
你会发现，
许多烦恼在无形中已经消失了。

　　"我平时太忙了！哪里有时间看书？"经常有女性这样为自己
不读书找借口。她们总是说起工作的忙碌、下班后的安排，以及和
男友的纠缠……似乎自己真的很忙很忙，根本没有时间拿一本书读
上那么两三行。所以，这些女人很安心地原地踏步，不再用阅读提
升自己。

　　这实在是一种"懒人"的生活方式，为什么一些女性不愿意把
时间抽出来一点儿用在读书上呢？读书与否，能够直接影响一个女
人的魅力。我的朋友海恩斯太太也许可以告诉你们热爱阅读的女人
美在哪里。

　　十几年前，我曾经参加过一次讲演，在那次活动里我认识了几位朋友，其中一位就是海恩斯太太。当我看到她时，第一个想法就是：这是一位很有修养、很自信的女性。后来我才知道，海恩斯太太的家庭和教育背景都十分平常，她的工作也普通得不足以拿来讨论。但是，她是一位热爱阅读的女性，长年的阅读使她焕发出奇妙的神韵。

　　现在的海恩斯太太是一位已经五十多岁的职业女性，她长着一张普通白种人的脸，小个子，从我年轻时认识她开始，她就从来没有拥有过所谓的"魔鬼身材"。但是每个与她打交道的人都会说，海恩斯太太的气质真好。她永远都是妙语连珠却又心平气和，就像一个磁场一样吸引着周围的人去结识她、信任她。海恩斯太太对一些问题的看法敏锐得惊人，她总是冷静而热情地和这个世界打交道。就连一向对女性魅力挑剔的查尔斯先生也在结识海恩斯太太之后心悦诚服地认为，她是一位从内向外焕发魅力的女性，"这样的女人不会被任何事情打倒，不管遇到什么样的人生，她都能让自己幸福。"

　　正如查尔斯先生说的那样，海恩斯太太给人一种安详和睿智的感觉，这样的女人不可能不幸福。而这些良好的人生态度，在很大程度上来自于海恩斯太太的读书习惯。

　　我的案头经常放着几本书，偶尔翻一翻，就会觉得心情在书页的翻动中渐渐沉静下来，充实而温暖。我想对于女人来说，读书应该同样重要吧。尽管书籍在生活中只占了一小部分，但是在女性魅力的塑造方面却具有强大的作用。

　　当忙完手头上的工作，打量窗外经过的人流时，有时看到干劲十足的女性，我会突发奇想：如果把这个人身上所有的财富和地位都丢弃，那么，她还有什么可以支撑起自己的快乐？我想，应该是强大的心灵吧。内心充实的女性才能更好地感受幸福。那么，如何获得这份心灵上的满足呢？

答案就是阅读。阅读是一种美好的经历，从无尽的书籍中可以看到数不清的人生和思想历程。我们虽然不是上帝，却可以在书籍中创造一个世界。女性也是如此，如果没有自己的精神花园，那么生命中即使出现再好的风景，自己也只是个过客，无法坦然。

在日常交际场合里，我曾经见过各种美丽的女性，她们把自己打扮得光鲜靓丽，无论是妆容还是服饰都无可挑剔。但是，有的女性的美丽却是轻浮的，她们的美过于雕琢。旁人的目光落到她们身上，开始还会有些惊艳的感觉，但是畅谈十几分钟之后，就会得出一个"华而不实"的评语，因这些女性的无知和无趣而感到乏味。

总之，阅读是为女人增加魅力的重要砝码。当窗外阳光投射出的阴影仅仅从西边转到东边时，读者已经在书中看到一个时代的兴亡、一种艺术的发展延续、一个人一生的得意与失落。有这些积累在胸，女人怎么会怕自己没有魅力？

幸福箴言 *Sayings on happiness*

读一本好书，就离智慧近一分；写一页读书笔记，就离愉悦生活近一分。多读书吧！你会发现，自己正在一步步变成梦想中的魅力女人。

当你要发怒时，请静心地数三个数，
看看怒火是否能被熄灭。
要记得，永远不做情绪的奴隶。

Happiness
仪态端庄，魅力自现

世界上没有静止不动的"睡美人"，
女性的魅力就在一举手、
一投足之间尽展无遗。
想让自己成为一道流动的风景吗？
那就从每一个动作做起吧！

　　一个美若天仙的女人，如果举止粗俗，那是相当令人遗憾的。在生活中我总是会发出一些感慨：一些女性明明可以更美，却被自己的举止毁掉了。大多数人在身体放松的时候，都会显得懒散甚至有些粗俗，如果发生在女性身上，就显得更加突出。

　　走进办公室时，经常会看到一些女性懒洋洋地倚在桌子上，还用脚打着拍子。只有看到上司进来时才会抖擞一下精神，之后又会毫无形象地软倒。这怎么能行呢？如果她是我的女儿，我一定会把她拉起来，叫她挺胸抬头。回到二百年前的欧洲，一般中产阶级家庭的女孩子还要头顶着一摞书练习走路姿态。到了现代，女性可以走出家门自由行动了，却变得过于放松自己，这实在不是一种好现象。

有一天，我去参加一次集会活动，这里聚集了许多年轻人。当时的主持者说了一句话："美丽的女人是上帝的宠儿，无论做什么都迷人。"女孩子们在台下起哄，说自己不美怎么办。这时候我笑了，把话接下去说，"你不美，那很好，因为你可能成为一个更有魅力的女人。不过——一定要先成为一个仪态端庄的淑女。"

女孩子们的领袖拉米尔小姐拉着几个伙伴跑出来，和大会的组织者打招呼，这个女孩很开朗地说："卡耐基先生，我可不是淑女，您说我有可能变得有魅力吗？"

拉米尔在人群当中给人的感觉非常独特，是一种并非美丽的可爱。我仔细打量了她一下，发现她走路时腰很挺拔，脖颈修长笔直，虽然是在笑闹，给人的感觉却不粗鲁，反而赏心悦目。于是我说："你现在就很好，年轻人就应该活泼一些，不过你的举止很得体，我相信你到了庄重的晚宴上也一定能游刃有余。"

不是每个女人都天生丽质，这个世界上90%的女性的容貌都要被归入普通当中。但是在成千上万的普通女人当中，依然会出现许多光彩夺目的人，这些人用她们优雅的举止仪态在第一时间就吸引了周围人的目光，所以说，女人在容貌上失去的分数可以从身姿举止上找回来。

但是在生活中，很多女性并没有注意这些。不少女性对于自己的身姿举止掉以轻心，往往只是在旁人面前装装样子，或是连这些假象都懒得做。有一次，一位女士来找我咨询，在整个谈话过程中，她一直跷着二郎腿，一只脚还不停地抖动，那个频率几乎令我发疯。

女性的举止能够体现出她的素养。人们经常说，看人要看细节。一些穿着朴素、相貌平平的女性因为举止得体，显得非常高贵端庄，充满了典雅气质。穿梭于社交人群当中时，人们总是喜欢根据一个人的举止来判断他的身价和家教。对于女人，则会评估她的魅力和修养。

我曾经认为，再清纯美丽的女子，如果不会对人微笑问好、不遵守秩序、喜欢"砰"一下把门踢开，也只是一个粗俗的人。一个女人的举止是她受到教育的体现，如果不懂得控制自己的言行举止，那很遗憾，只会成为粗鲁无礼的人，这样的人恐怕连女性也不会喜欢。

美貌是女人的财富，却不是最大的财富。若想在社会生活中展露身为女人的魅力，就必须拥有得体的举止，使每个看到的人都宛如春风拂面。

身为女人，如果你不美丽，那只是上帝对你眨了一下眼。当你优雅地迈出步伐，开始新的一天时，整个世界都会为你着迷。

幸福箴言　　　　　　　　　Sayings on happiness

虽然女性不是活给别人看的，但是当你因为举止从容典雅而被称赞有修养时，那份乐趣可是真真切切属于自己的。

🎩 Happiness
略施粉黛，绽放你的专属美丽

世界上很少有完美的女人，
当上帝赐给你的五官有一些缺憾时，
女人们就需要自己对相貌进行修饰了。
这并非不自信，恰恰相反，
把自己打扮得美丽动人是女人的本能，
也是技能。

    不是每个女人都有天生的好相貌，因此很多人就需要一点点额外的修饰，让自己变得更加完美一些。在某种程度上，一个女人的内在往往要通过外在来展现。在现代社会，人人行色匆匆，一个女人如果不能在第一面给人留下一个好印象，就很容易失去进一步交往的机会，无从展现自己的内在魅力了。

    我的培训班有一次招聘工作人员，当应聘者来到办公室面谈时，我注意到了几个与室内风格不太协调的女性。这几位女士一眼就可以看出没有经过多少社会历练，她们的妆容很不恰当，有的没有化均匀，有的太过浓艳，还有一位脸上的瑕疵都没有遮住。相比其他人自然的妆容，这几个人就显得很土气了。

我虽然不会因为女性不漂亮就歧视她们，但是如果一位职业女性走上社会之后，还不会修饰自己的外形，我就会对她们多少有些失望。虽然我没有雇用她们，但是在临走之前我还是向她们提出了建议，希望对她们有所帮助。

我了解了一下她们的情况，这几个女孩子刚刚接受完就业训练，还对外界懵懵懂懂。于是我告诉她们：一般的女性要成为成熟的职业女性需要一个过程，但是在业务熟练和心态成熟之前，外形塑造应当先行一步。在社会交际中，女人拥有一套恰到好处的妆容，会增加不少印象分数的。

所以说，女士们，学会对自己的容貌进行修饰是女性自爱的表现，对己对人都是一种享受。化妆是女人们的武器之一，可以掩盖容貌的不足，突出自身最有魅力的一面。当女性需要面对社会人群时，恰当的化妆可以令自己信心十足。

十九岁的艾维从学校毕业之后开始寻找自己的第一份工作。当她顶着一张使用劣质化妆品涂抹的脸去一家公司应聘的时候，一位女性主管狠狠地嘲笑了她，给她的自尊留下很大的伤痕。我的培训班里有个职员是她的好友，在一次闲谈时和我说起这位女孩子最近的心事。

我对她说："那位小姐正处在人生中最美好的年龄，她的青春可以掩盖任何缺点，不过走入社会之后，如果不化妆就会显得很没有修养。不如你建议她化一些能够衬托出她朝气和活力的淡妆，另外化妆品要挑选对，不要使用那些俗艳的东西。"

后来我的职员帮了艾维几次，回来兴高采烈地和我说，原来艾

维也是一个青春洋溢的美少女呢。

再后来，在一次演讲中，我看到了艾维，她确实已经变成一个很会化妆的女孩子了，而且做得恰到好处，没有让人感到浓妆艳抹的不快，反而在清爽中透露出干练。当她站在那里时，没有人会觉得她与环境不合，反而使人感觉很可靠。

化妆的本意是为了美，我想没有一位女士想把自己的脸弄得一塌糊涂。但是在现实中，很多女性不知道什么样的妆容适合自己，导致化妆之后脸上却好像贴上了一层不合适的壳，连原本的魅力也失去了。例如，我的一个下属唇型不好看，按照化妆理论来说，应该是可以用唇彩和唇笔调整的，但在实际操作中，她发现缺陷超出了化妆可调整的限度，就没有勉强化那样的妆。

好的化妆品和化妆用具对女人的心情会产生很大影响。好的化妆品会让女人把它们用到脸上时充满自信，人也显得容光焕发，魅力指数不断上升。

在这里不会教授你具体的化妆技巧，化妆品柜台的售货小姐们懂得更多，我只负责地告诉爱美的女性：恰当的化妆可以让你更美，不要再犹豫了，让你的外表和心灵一样美丽吧！

幸福箴言　　　　　　　　　　*Sayings on happiness*

化妆的女人是积极的，懂得如何化妆的女人是智慧的。不美不是女人的错，但是不能把自己变美，女人就要负上一定责任了。

婚姻是柴米油盐协奏曲，
是锅碗瓢盆交响乐，
是一连串细节里凝聚成的一个家。

Happiness
四两可以拨千斤，
慧语亦能撼人心

有时候，短短的一句话就可以触及人的内心深处，

让人欢喜让人忧愁。

一个有魅力的女人懂得把话说到心窝里。

当你可以娓娓而谈，字字珠玉，

令周围人因为你的话语愉悦时，

就已经获得了无穷的魅力。

　　"我们昨天又吵架了。""我和××又闹翻了。""老板说我讲错话把事情办砸了。"在生活中，经常可以看到一些女性向别人抱怨，说起自己和别人的口舌之争。仔细询问一下原因，会发现其实大多数争执的起因只是不恰当的一两句话。

　　这种现象在生活中很常见，几乎每个人都曾经遇到过一两次差点儿酿成大风波的口头冲突。一些女性太轻率，不注意自己说话的语气，一下子就把导火索点燃了。

　　有一天，我的一个朋友兴高采烈地告诉我，他刚刚学会如何做一道异国菜，实在想表现表现了，于是邀请我们几个人到他家里参加聚餐。

这位朋友是个爱好美食的人，而且喜欢带动其他人一起做。不过，他的妻子却不喜欢厨房。当这位朋友郑重其事地从厨房端出一大盘样子令人不敢恭维的东西时，我们谁都不敢下口。

"哎呀，只是样子难看而已，其实很好吃的。"虽然那道菜一看就是做砸了，但我的朋友兴致还是很高，热情地招呼大家品尝。

这时候，他的太太不但没有给他打圆场，反而一脸轻蔑地说他："不会做菜就别做，弄出一盘灾难来多丢人啊！"

那天的聚会就在这位朋友的黑脸中结束了。我们离开之后，两个人又大吵一架，差点儿闹分居。这位太太对丈夫的厨艺和好客行为不满意，却不应该这样不假思索地指责，一个陌生人都受不了伤人的话语，何况是满心期待的丈夫呢？

其实，在生活中，像这位太太一样的女性有很多，她们在表达方面有这样那样的缺点却不自知，在与人交流时没有把话说圆满，从而丧失了令自己成为万人迷的机会。

曾经有一个女士向我说起她的女儿莉迪亚。上中学的莉迪亚在家打扫时不小心把吸尘器弄坏了，这位女士回到家之后，女儿上前说："今天安妮约我去逛街，我想房间该打扫了就没有去。打扫到最后一间屋子的时候，吸尘器怎么也运转不动了，我就想自己修理，结果……"面对一个懂事的、知道帮助打扫房间的女儿，就算心疼报废的吸尘器，母亲也不会发火了吧。

在现实生活中，女士们要格外注意自己的语言风度。当一位外表打扮得时尚美丽、风姿绰约的女士出现在众人面前时，大家都会对她充满期待，此时她若是一开口就是粗俗的话语，或是唯唯诺诺、不知所云的胡扯，那就大煞风景了。

自信的女人，应当懂得如何说话，让自己的语言化做春风，人也会随着这项技巧而更加有魅力。

幸福箴言　*S*ayings on happiness

说话是一门艺术，对于女性来说，更是一种生活的手段。想增加自己的魅力指数就要拥有锦心绣口。

Happiness

颜值不太够？ 着好装来凑

穿衣会改变人的命运，
这样说有些夸张，
但有的时候真的会有这样戏剧性的效果。
当穿上一件俏丽的衣服时，
你会发现，人也不由自主变得自信了。

　　虽然我不是一个古板的人，对女士的服装也有很大的接受度，但看到有人穿的服装与场合、时间、地点不符时，我还是会有一点儿不舒服。可惜我不是女装设计师或模特指导，否则我一定尖叫："你怎么能穿成这样！"

　　世界上80%的服装都是青年女装，这给了女人很多选择，但是也带来了选择上的困惑。

　　十五岁以下的女孩拥有无穷的青春活力，服装只是她们身体的陪衬。但是女孩变成女人之后，着装就开始成为一个重要的问题了，没有人会因为你年轻而体谅你穿得乱七八糟了，甚至会有人因为你的服装土气而出言讽刺。为了增强自己的自信，女人们要对着装有个大概的认识才好。

有一次，我到培训班去讲课，有一位罗宾逊女士向我咨询她要去一家大公司求职的想法。我积极地鼓励了她。不过，在她决定要去为面试准备一件新装时，我却对她的意见表示出了反对。

我对她说，她的气质非常好，第一次见到她的人都会把她当作地位出众的女性，但是她平时挑选的服装却十分呆板，把她的气质弄得不伦不类，如果她仍然挑选同类风格的服装，恐怕就会把自己埋没。在我和其他讲课老师的建议下，这位女士最后更改了自己的想法。

一周后，我们再次见到这位女士时，她已经换了工作，那天的她穿着一件带条纹的新颖套装，端庄却又充满活力，整个人的气质也被衬托了出来。

"卡耐基先生，你好！"她兴高采烈地打招呼。

我看到她，有些惊讶，"罗宾逊小姐，你看起来变化真大。"

"是的，我为自己重新设计了形象，我相信您的眼光。"她告诉我现在工作很顺利，而且主管对她的期望很高。"现在我对着镜子都会想，只要努力下去，我真的可以做得很好。"

"这是你的实力在说话，不过新形象也帮了你不少忙。"我赞许道。

有些人把注重打扮的女士说成"花瓶"，但是想象一下，如果没有花瓶吸引你走近，你又怎么会发现里面的内涵呢？一个会着装、会打扮的女士，能够通过身上的服饰体现出自己的内涵和品位，从而获得表达自己的机会。得体的服装更容易获得周围人的赞许和信任。如果一个女孩穿得邋邋遢遢，或者服饰乱搭一气，就算她是个美女，别人也会质疑她的品位。

爱美是人类的天性，更是女人的天性。无论是多大年纪的现代女性，都热衷时尚，只是步伐不同罢了。追求时尚没有什么不对的，如果选择得当，女性就会使自身整体形象不断进步，找到最适合自己的服装，从而提高魅力。要是乱追一气，可能就有被潮流卷走的危机了。

五月份的一天，我和夫人受邀去一个政府晚宴。在赴宴之前的一周，我的太太桃乐丝就为服装做准备了，她专门去制衣店定做了一身晚礼服，并和设计师反复商量细节。在成衣出来之后她又根据衣服选配了珠宝和鞋子。尽管做了这些准备，桃乐丝还是在镜子前转了几个圈，感到不自信。我告诉她她很好，美极了。

桃乐丝的服装虽然不是艳压群芳，却很符合这次宴会的气氛，庄重而典雅。但是在宴会中还是出现了不和谐的音符，有一位女士穿着最时髦的短裙，这件裙子我曾经在桃乐丝的精品手册中看到过，非常别致，如果出现在时尚秀场一点儿都不逊色。可是在这个宴会上，这种着装显然太过轻佻。

有人开始窃窃私语，批评这位女士的着装不庄重。桃乐丝也说："人和衣服都不错，可惜不应该这样出现。"

女士们在穿衣打扮时，一定要注意得体大方，即使衣服不是最新款，但是只要它符合场合要求，同样是合适的。反之，衣服再漂亮也是不妥的。

　　个人觉得，女人最有魅力的装束是化繁就简，用最简约的风格搭配出最窈窕的风情。我的一位美术设计师朋友曾经盛赞公司里一位女士的打扮，那位女士穿的是一款别致的白色外套，里面搭配着灰色毛衣，再配上黑色修身长裤，外套上坠着一条长项链，整体显得非常简约大方，可是稍微离远一点儿，又会发现这身纯色搭配在人群中分外夺目。

　　现代印花技术使得服装的款式和花样越来越多，一位追求魅力的女性不应当被过于繁复的衣服式样抢去风头，记住，衣服永远是为了烘托人存在的，当它的存在令人忽视你自身的时候，就需要换装了。

　　追求魅力的女人在穿衣方面注重协调感，一件花哨的T恤需要一件单色的外衣中和一下，过于繁复的式样不利于突出个人特色，太多的花边和蕾丝更像是个笑话。

幸福箴言　　*Sayings on happiness*

　　时尚变化很快，但是女人自身的风格却会长久存在。想打造属于自己的独特魅力，就在穿衣品位上多下些有用的功夫吧。

宽容是一种美德，
也是一种力量，
它可以消除心中的庚气，
也让一段段紧张的关系得以缓和。

♟ Happiness

人生如此险恶，你不自信怎么活

在这个世上，
爱自己的女人
值得更多人爱慕。
一个爱护自己、尊重自己的女人即使不美丽，
也可以成为传奇。

曾经听到周围很多人抱怨自己："我太笨了，人也不好看。""为什么我就不能苗条一点儿呢？""我想当一个歌唱家，可是我的声音却不好听。"诸如此类的抱怨每天都会听到一些，归结到一点就是：对自身不满。

虽然说对现状的不满会使人产生前进的动力，但是有些不满同样也会干扰我们的生活。在现实生活中，很多女性对上天赐予的这个"自我"求全责备，甚至因此丧失自信。其实，女士们试想一下，当你对着镜子自怨自艾的时候，你是变得更幸福一点儿还是更难过一点儿呢？

在我的书柜里有一本书是买给女儿的——英国小说

《简·爱》。这本举世闻名的著作讲述了一位令人尊敬的女性的故事。她生活坎坷，只是一个普通的家庭教师，外表也不美丽，但是她的自尊却征服了男主人公罗切斯特先生，最终二人走到了一起。

简·爱曾经说过一段话，成为旷世名言："难道就因为我贫穷、卑微、不美、个子瘦小，就没有灵魂，没有心了吗？你错了。我也有和你一样的灵魂，和你一样的一颗心！要是上帝赐予我一点儿美貌和充足的财富，我也会让你感到难以离开我，就像我现在难以离开你一样。我不是根据习俗、常规，甚至也不是血肉之躯同你说话，而是我的灵魂同你的灵魂在对话，就仿佛我们两人穿过坟墓，站在上帝脚下，我们彼此平等——如同我们的本质一样。"

简·爱的一段话不知道激励了全世界多少女性。简·爱很勇敢，她看到了自己"贫穷、卑微、不美、个子瘦小"，但是她并不抱怨，她认为自己和有钱、有地位的罗切斯特先生是平等的，用自己的自尊坚持和罗切斯特先生进行平等对话。

简·爱这样的女性让我钦佩，当她最终赢得自己的爱情时，我想这样自爱的女人值得别人去珍惜她。

不是每个人都能生有一副美人面孔，也不是所有人都可以含着金汤匙出世，这注定了大多数人都是普通人。女士们，当你们抱怨自己身材不好，长相不美的时候，其实是把自己否定了。一个一直否定自己的女人，怎么会产生"魅力"这种需要自信支撑的力量呢？

我曾经开设过一次演讲培训班，学员们要轮流进行试讲。有一个女学员总是对自己的表现很挑剔。她进行演讲之后，无论我给出什么样的评价，她都会陷入沮丧之中，当她看到别人的演讲时，更是会情绪低落。

她经常抱怨自己表现得不够出色，不够完美，付出的努力得不到回报。确实，她一直在努力，但是因为过于焦虑，她的演讲水平比起从前来反而退步了。在这种打击之下，她变得更加烦躁，抱怨也越来越多。

一次下课之后，这位学员找到了我，向我倾诉自己的苦恼，她说："卡耐基先生，我是不是比其他人都要笨呢？为什么别人可以大大方方地上台演讲，只有我一站起来就忘词，手脚都不知道往哪里摆，根本开不了口呢？我这样笨拙胆怯，真的成为不了一个优秀的演讲家。"

我想了想，对她说："为什么你总是盯着自己的缺点呢？不是那些缺点使你演讲效果不好，而是你不自信，你根本不相信自己能做好。多想想自己优秀的地方，你会发现你有当一个演说家的优势。"接受了我的鼓励之后，这位女士不断进步，后来成了一位非常优秀的学员。

一个快乐的女人应当是一个爱自己的女人，爱自己就要爱自己的全部。在我眼中，一个人要先爱自己，然后才能成熟起来，变成一个有魅力的人。

懂得喜欢自己的女人，是聪明的女人，因为她们知道，在这个世上，能够成为自己最坚实后盾，让自己欢笑、奋进的人永远是自己，一个人来到这个世界自然会有她存在的价值。你就是你，无可替代的你。人身上所有的一切都是上帝赐予的礼物，当你爱自己所拥有的事物时，你会发现人生其实充满了喜悦。

幸福箴言 *Sayings on happiness*

珍惜自己现在拥有的一切，即使不完美，即使是苦难，它们在未来也会成为你宝贵的财富。女人如果想获得充实的心灵，不妨为已经拥有的而满足。

🎩 Happiness
美女都是狠角色

女性的风情千变万化，
你可知道除了端庄贤淑之外，
女人还有其他的特性充满了吸引力？
那就是为生活作调剂的女人的小小叛逆。
当女人不同寻常地展现出自己的叛逆时，
往往会收获到意想不到的效果。

　　人生熟悉了程式化的生活之后，如果突然出现一个小小的岔道，追求刺激的人们就会感到很过瘾。在社会交往中，人的性格也有相似的情形。"她不是一个乖乖女。""我总是有新想法，我不觉得自己非要迎合别人不可。"世界上动人的风情，既是玫瑰，也是玫瑰上的刺。因为有刺，玫瑰充满了刺激的危险意味，变得分外诱惑。女性也是如此，当乖巧女孩看得多了，偶尔见到另类的女性，人们就会不由得眼前一亮。

　　某些女性引人注目的原因是她们很"特别"。无论是在生活中还是在事业上，她们都特立独行，开辟出自己的一方天空，展露出别样的风情。

在我的培训班，我曾遇到过这样一位学员，她给人最大的感觉就是咄咄逼人。这位年轻的女士名叫艾达，言谈犀利、见识深刻，普通的男士在她面前往往走不了几招就败下阵来。

有几次，我在上课的时候说起一个话题，大家各抒己见时，艾达就成为女性学员中非常活跃的分子，她从不随声附和，总是提出自己新颖的观点，其中有些观点还很尖锐，但是她每次都能礼貌而坚定地把意见说完。她是个干脆利落的女孩子，当她在论辩中意识到对方似乎更有道理时就会很快说道："我已经被你打动了，好，我同意你的观点。"结果对方反而因为她太突然的举动而愣神。

艾达虽然不是这些学员中最优秀的，但是她的独特风格却给很多人留下了印象。后来听说艾达拒绝了某大公司的聘请，进入了一个新兴公司当销售主管。在培训班结识的朋友询问她原因，艾达回答这是因为新兴的公司正处于开拓阶段，她喜欢亲手开拓出崭新局面的感觉，而且那里的上司很赏识她。

"不过，老板赏识归赏识，我们有不同意见时照样会争执起来，我也不知道他可以忍受我多久呢。"她虽然这样说着，眉眼中却满是笑意，并没有丝毫的担忧。

我想，这样有个性的女性不管走到哪里都会引起人们的注意，即使她身上没有传统女性的温柔大方，但是她爽快尖锐的脾气却像一块打着"叛逆"标签的磁石一样，吸引了很多人与她交往。

曾经有一个杂志主编一本正经地对她的下属说："一个女人，

如果没有美貌，就要有气质，如果没有气质，就必须要有个性，总之不能做掉在沙堆里就找不到的沙子。"

我的一个朋友西蒙曾经和我讲过他和女友之间的一次趣事。他的女友原本是一位相当开朗大方的女性，和他相识已经八年了。在二人已经熟悉得不能再熟之后，生活开始变得有些无趣了。

有一天，西蒙出去和朋友吃饭，谈得兴起，和女友的约会又一次迟到了。当他来到约会地点时，却发现女友已经离开。可想而知，在被忽视了很多次之后，他的女友生气了。到了第二天，西蒙发现女友完全换了一副装扮，原本端庄贤淑的打扮被换成了性感魅惑妆，从那天起，女友开始了"独身生活"，不理睬西蒙，工作作风也变得强势。她对西蒙说："女人还是靠自己比较好。"女友开始风风火火地生活，学会了抽烟，学会了在酒吧向陌生人搭讪。她开始在西蒙问她下班有什么安排的时候撇撇嘴："我不告诉你。"西蒙大吃一惊：这还是他熟悉的人吗？在短暂的不适应之后，西蒙决定把这当作恋爱中的一次考验。他解释说："这是她的叛逆期到了，我觉得也挺有意思的。"

看电影的人都知道，淑女的魅力光环往往会被惊鸿一瞥的女配角夺去，冷艳高傲的反角美女反而更令人记忆深刻。

香奈儿品牌在世界范围内令女性为之疯狂，即使我对女装没有什么感觉，也曾经听说过这个名字。建立了女性时尚王国的可可·香奈儿，她的人生就是一部叛逆的传奇。当我看到这个女人的故事时，她正重返巴黎，准备东山再起。

香奈儿的一生充满了矛盾、夸张，甚至谎言。她有爱情，却没有嫁给任何一个人，因为她不相信男人。香奈儿在她的青春岁月里就学会了与男人周旋，把男人当作生活的调味品。她最爱的男人亚瑟为了和贵族千金结婚离开了她，并出资给她开了一间自己的女帽店，香奈儿放弃爱情接受补偿，这成为事业的起点。

香奈儿的信条是自主——想做的时候会按照别人的要求去做，不想做的时候谁也别想强迫我。她的叛逆和自主成为一个时代的风向标，与欧洲的波伏娃、萨冈、邓肯等自由女性，成为新女性的标志风景，而她设计的服饰也因为充满了叛逆的风情而广受欢迎。

虽然说叛逆的女性具有一种危险的美感，但是在生活中，人们通常会觉得叛逆会带来麻烦。所以，如果女士们既想保有魅力又不想被视为异类，不妨偶尔展露一下叛逆的风采，当然别过头就好，毕竟不是小孩子了。

幸福箴言 *Sayings on happiness*

女士们，当你们看到当季流行风尚是叛逆风情的时候，心里是不是也在蠢蠢欲动，想突破一把呢？其实叛逆很简单，只要你有旺盛的生命力和洒脱的性格，就可以让自己更加具有风情。

Part 03

管你情场职场，我都笑得漂亮

工作不仅仅是为了金钱，还为了实现自己的个人价值与获得成就感，在工作中自律努力的人，运气都不会太差。

Happiness

既要仰望星空，还要找准方向

一个女人，如果没有工作，
她的人生将失去很多的精彩。
在现代社会里，
一位女性如果能找到事业上的目标，
那她整个人都会焕发光彩。

　　我的太太桃乐丝不仅是我的妻子，也是我事业上的好助手。对于她来说，目前的工作已经成为她的事业。有人说工作能够保养女人，一个被家务缠绕的女人总是比不上一个有事业的女人看起来更加有活力。桃乐丝就是如此，她虽然有时会为成人教育工作忙得不可开交，整个人看起来却非常活跃，精力十足。

　　女士们，我想告诉你们，除非你现在的生活迫切需要解决经济问题，否则，当你决心开创一番事业的时候，最初的目标一定要定好。要知道，很多人的第一份工作往往会影响他的一生。

　　维纳小姐是我的一个学员，虽然在培训班里碰面次数不多，但是通过她的作品，我看出她具有一定的美术天赋。曾经有一次，维纳小姐向我诉说了她的苦恼。

她说："卡耐基先生，我现在在一家贸易公司里做秘书，这是我这种学历低、出身一般的人能够找到的最好工作了。可是我现在总是觉得很厌倦，对工作充满了抵触情绪，不想跑来跑去送文件，不愿意接电话，为了保住这份工作，我只能忍住心中的烦闷继续忙碌。"

我听了她的话，就问她："那在你的心中，有没有想做的事情？比如一些你付出努力可以达到的那种理想？"

维纳小姐眼前一亮，但是很快又沮丧了，她说："我一直想成为一名服装设计师，但是我都是自学的，根本没有受过什么专业指导，我觉得自己想进入时装领域简直是痴人说梦。"

我对她说："不，这个理想并不狂妄，只要你下定决心还是可以找到机会的。你现在还年轻，只要不是空想三两年之内就成名，一步步打好基础，一定可以取得成绩的。"

后来，维纳小姐辞职到一个设计师的工作室做了助理，虽然很忙碌，但是她的气色好多了，她精神焕发地告诉我说她现在学到了很多东西，正在着手作自己的第一批独立设计。

从这个事例可以看出，女性走入职场时常常会遇到理想与现实两难的情况，很多人都因为找不到满意的工作而苦恼。每天按部就班地工作，很容易产生倦怠感。从我的办公室看附近的写字楼，每天都会看到一群面色苍白的上班族忙忙碌碌，他们虽然西装笔挺，看上去却缺少激情。各位女士，你们是否也是其中的一员呢？不妨拿起镜子看看自己的脸，是否虽然化着精致的妆容，却缺乏一种从内散发的活力和光彩？你是否想过为什么有的职业女性看起来非常有风度，美丽迷人？其中一个原因就是她们找到了努力的目标。

有一天，培训班里的一个学员来和我抱怨她现在的工作状态。她说："卡耐基先生，其实我对于演讲并不是特别迫切，我来到这里是因为我的一个同事，他原本很胆小，很少和周围人说话，连和老板打声招呼都不敢。但是他在您这里培训之后人显得乐观多了，说话办事非常从容自然。因此我想您一定有令人积极起来的方法。"

我回答她，如果我的培训班有这个作用那也算成功，接着示意她继续说。

这位女学员跟我抱怨："我费了不少劲才找到这个工作，做了一段时间就觉得它很枯燥，但是又不想放弃这份稳定的工作。现在我每天在公司里都觉得很痛苦，作为资历最低的职员，我什么都不熟悉。工作马马虎虎，心情不好，不愿意和同事交流。上班之后就想下班，每晚入睡之前都感到很悲观——为什么明天还要去上班！卡耐基先生，我该怎么办？是留在公司，还是另谋出路呢？"

我给了她一个答案："尽管你不喜欢现在的工作，但是在没有一定目标的情况下贸然更换工作，也只会和现在的工作一样。不如试着假装喜欢这个工作，在公司为自己定一个可以达到的目标，比如每天达到什么样的水平，要超过哪个纪录之类。如果做一段时间还是不行，就去做自己喜欢的事情吧。"后来，维纳小姐和自己展开了竞赛，每天都争取打破前一天的纪录。慢慢地，她变得越来越有动力了，工作效率也提高了。再见到她时，她已经对这份工作产生了浓厚的兴趣，做起来也非常顺手了。

其实，当时在回答这位学员的问题时，我也曾经有过思考，每个工作的人是不是都曾经经历过这么一段迷茫的时期？女性在进入社会之后经常会有类似的迷茫。因为社会、习俗、生理等各方面原因，女性的事业心整体来说要比男性弱一些。也因此，她们会遇到很多关于事业的困惑。

女士们，我想给你们一个建议，当你对工作感到乏味的时候，不妨改变一下心态，为自己寻找一个努力的方向吧。没有目标的人生是黑白的，找到自己的进取方向之后才会充满斗志。

女士们，有目标的人不一定会成功，但没有目标的人却很难成功。所以，一旦你们有了自己的梦想、目标，请你们全力以赴地去完成它。

幸福箴言 *Sayings on happiness*

有事业目标的女人，比普通女人具有更多的魅力，也许你不信，但是看看身边快乐的上班族，有谁是毫无目标茫然工作的呢？

工作与爱情并不是死敌，不要让忙碌侵蚀了爱情，也别以爱为名义，阻挡了对方前进的脚步。

🎩 Happiness
有一天，你会明白沉静的力量

有女性参与工作的公司
会比纯粹男人管理的公司多一些稳妥感，
这是为什么呢？
也许是因为女性天生的细心
使得她们在工作中比男人多了一份优势。
女性朋友们，要把握好你们的这个优势。

　　在我的办公室里有一位女性工作人员，她也是我的助手之一，善于演讲。当她走上演讲台时，她是一个明星一般的人物，时而激情、时而大气，总是能够抓住听众的心。但是当她坐在办公室的时候，她总是沉静的，全身的气质也会变得和台上判若两人，非常内敛。即使她什么也不做，只要她人在那里，就能使周围的人感到环境变得安静而舒适。有心的同事说她具有一种魔力，能够用她温柔却庞大的气场创造出一个安稳的空间。我想这应该就是她最本真的性格。在喧闹的都市写字楼里，这种女性就像是一片淡淡幽香的花瓣，让人不知不觉间已经被她的魅力折服。

在我看来，沉静的女人不一定安静，她的表情可以是丰富多变的，但是本质却锁定在一个"静"字，即使她在大笑，人也是安详的。有人说沉静的女人最勇敢，因为她面对一切变化都不会恐慌。而我认为，沉静的女人最可靠，她会冷静地对待事物，很少被纷繁复杂的事务弄昏头。

有一天，我的一个学员在培训班和我聊天时提到了他上周看房的事情，经过了那件事，他深深认识到女性职员冷静认真的优势。

这位学员叫巴瑞斯，是一家中型公司的老板，资产可观，最近他和太太正计划买一栋别墅，上周和房产经纪人约好了去看房。因为中间要处理财务问题，他叫公司的秘书顺路和他们夫妻二人一起过去。这位女助理已经五十多岁了，是妈妈级的秘书。巴瑞斯心想或许秘书可以就别墅的儿童房装修提一些意见。

当他们和经纪人进入装饰豪华的别墅时，巴瑞斯不由得被这栋别墅内部的豪华气派深深吸引。经纪人热情地介绍说这栋别墅是这片豪华小区仅存的一栋了，非常抢手。门厅采用珍贵的石料做地面，天花板使用实木雕刻，吊灯是水晶玻璃的，浴池全都是一流卫浴，室内装潢也是著名室内设计师主持的。巴瑞斯夫妇一边参观一边听着介绍，也被如同宫殿一样的别墅迷住了。

在经纪人天花乱坠地一通解说之后，巴瑞斯和她的太太十分满意，就对经纪人说回去考虑一下，心里已经打算第二天签约。就在他们走出大门之后，他的秘书开口了，"老板，购买这栋别墅有风险。"

秘书指出，她在豪华的装饰下发现了一些裂缝，地板下还有白蚁的痕迹，这栋别墅的构造和安全性很有问题。巴瑞斯大吃一惊：怎么自己就没有留意到？之后秘书又调查了一下之前看房的情况，发现看房者很多却一直没有人拍板买下。第二天，巴瑞斯再次查看那栋别墅，发现确实存在很大问题，最终没有购买。如果不是细心的秘书，或许巴瑞斯已经被豪华别墅迷惑，而买了一栋有隐患的别墅。

这个学员的事情让我有些感触，生活中一些人说女性在事业上的最大缺陷就是没有气魄，不能独当一面——这个观点当然有些片面，因为现实中也有很多铁腕女子。不过，它也从反面反映了女性在做工作时的优势：不在气魄，而在认真和冷静。

任何人都不喜欢神经兮兮、动不动就手足无措的下属。而在这一方面，沉静的女性具有无可比拟的优势，当男性为了一件事冲动咆哮时，女性已经去寻找解决方法了。

安妮·罗伯茨女士在公司里是少数的女职员之一，在一群男性同事之中她的出现就像一阵春风。安妮认识的几位女性朋友都是一些公司管理人员，她们喜欢在职场中把自己装扮得非常高傲，让人觉得是女强人，但是安妮没有这样做，她认为应当用女人的本色来展露出自己对公司的重要性。她对于工作认真仔细，能够找出合同中的疏漏，她制作出的样板总是完美无缺，不需要返工，因此部门那些男人都称赞她的认真，说安妮的工作最让人放心了。

有一次，公司要和另外一家公司合作，双方本来已经商定好了合作条件，也签订了合同，不料遇到了欺诈行为，对方在他们已经签字的合同书中加进了签约时没有的内容，并且要求公司履行。公司里的人都十分气愤，咒骂对方是无赖，但是气归气，大家都没有办法，只好打算吃这次亏以后再也不与对方往来。这时安妮冷静地重新审阅了合同样本，并且对该公司的具体情况作了调查，发现对方缺少进入某专业市场的资格。安妮迅速将调查结果上报给公司高层，指出了几个解决问题的方法。最后，公司找到了对方违约的证据，申请中止了合同，避免了这次损失。

这次真的是多亏了安妮，如果不是她的冷静和机智，也许公司那些意气用事的人已经做出了错误的决定。而女性在工作中的独特优势也在这次的事故中显露无遗。

女士们，不管原因如何，当你决心成为一个职业工作者时，就需要发挥出这种女性魅力了。不需要去和男性攀比强硬的作风，女人本身具有的个性也是男人们追求不到的。与其去追求工作中的强势与激情，不如找到属于自己的风格。

幸福箴言 *Sayings on happiness*

女人可以有很强的事业心，却未必要有冲动的工作态度，冷眼看世界，热心做工作，如此，你会更容易获得幸福。

Happiness

随遇而安，唱一首从容的歌

中国古人有一种大智慧，叫作随缘，
它说的是一个人不管遇到什么样的环境都要随遇而安，
让自己适应环境。
这是一种了不起的心境，它会让人更加快乐。

当初我在写《人性的弱点》这本书的时候，拜访了很多教育家和心理学家。我访问芝加哥大学校长罗伯·罗吉斯先生的时候，他告诉我："要想在生活中得到快乐，我知道一个小忠告，这是希尔斯公司的董事长罗森沃先生告诉我的。他说过，'如果只有柠檬，那就做一杯柠檬汁。'"当时我还没有理解其中的伟大含义，但是现在我已经明白了。当一个人发现他所拥有的东西不好时，与其哀叹这贫瘠的财富，不如利用眼前的事物来继续奋斗下去。

女士们，你们走入社会之后会发现，生活不像书本里面描述得那么纯粹，你们可能会处于任何环境里，有的险恶、有的美好、有的喧嚣、有的无聊。如果你想成为一个快乐的人，就要试着接受自己眼前的一切，在无法改变的环境中顺其自然。

加利福尼亚州是美国最繁华的地区之一，也是一个沙漠肆虐的地方，州内大片区域都被干燥的黄沙覆盖，其中有一块沙漠叫作莫嘉佛沙漠，附近地区生活的是与都市生活脱节的原住民。战争期间，瑟玛·汤普森的丈夫被派往了莫嘉佛沙漠附近的陆军训练营。瑟玛为了能够和丈夫在一起，也搬到了那里，住在沙漠外围的一个小屋里。但是在最初几天的新鲜感过后，瑟玛就对这个地方烦透了。对于一向生活在城区的人来说，莫嘉佛沙漠的自然环境异常艰苦，白天最高温度达到了五十多摄氏度，小屋里面热得快要把人烤干。沙漠地区的风非常大，干燥的狂风卷着沙粒漫天飞舞，一呼吸就会吸进沙尘，衣服、食物、家具上面到处都是沙土。瑟玛几乎不敢出门。而且令她懊恼的是，住在这里的人都不会讲英语，瑟玛感到自己无法和当地居民交流，只好一个人闷在小屋里面。这样寂寞、无聊的日子对于瑟玛来说度日如年。一个月之后，瑟玛再也忍受不了莫嘉佛沙漠的恶劣环境，她给自己的父母写信诉说了这里的寂寞和恶劣情况，决定要离开这里，否则自己非疯掉不可。

一个星期之后，瑟玛收到了父亲的来信。父亲在信中并没有对女儿的想法发表任何意见，而是告诉她一句话：两个人从监狱的栏杆向外望，一个人只看见满眼的烂泥，而另一个人却看到了漫天的星斗。

瑟玛明白了父亲的意思，把这句话读了一遍又一遍，觉得非常惭愧。她下定决心，虽然莫嘉佛沙漠不能改变，自己却是能改变的。自己一定要留在这里，适应这里的环境，并找出这里的"漫天星斗"。

瑟玛开始以新的眼光看待莫嘉佛沙漠，她不再抱怨沙漠的糟糕天气，也不去想那些恼人的事。瑟玛试着走出自己的小屋，和当地人进行交流，并在枯燥乏味的生活中找些事情做。慢慢地，她开始有了当地朋友，并找到了能在沙漠开展的兴趣爱好。瑟玛的生活开始大变样，经常有人陪她一起聊天，并且送给她一些礼物。瑟玛会浪漫地邀请丈夫一起去看日落，在沙漠里他们惊喜地发现这里竟然有贝壳！原来这片荒凉的沙漠在三百万年前曾经是一片汪洋大海。

瑟玛的生活越来越丰富，她产生了一种把这些趣事记录下来的欲望。于是，她开始写一本小说，每天都写上两三千字。一年之后，瑟玛描写在莫嘉佛沙漠生活的书出版了，并且非常畅销。瑟玛已经彻底爱上了这片土地，即使是后来她随丈夫离开时，还对这里依依不舍。

各位女士，莫嘉佛沙漠的气候并没有发生变化，那里的人也没有发生变化，但是瑟玛却适应了那里的环境，并从茫茫沙漠中找到了生活的乐趣。所以，我们应当明白一个道理，当你无法改变自己身处的环境时，不如就去适应它吧。

女士们，当你发现自己置身于一个全新的环境时，不要焦躁，看清眼前的形势，然后愉快地适应它，在环境中享受身边的一切，就算不能获得最后的成功，你也会变得更加成熟。

幸福箴言　*Sayings on happiness*

....

面对眼前的环境，过多的抱怨都是无用的，尽快把握住它的脉搏，掌握好自己在这个环境中活跃的节奏，这样你才会更加快乐幸福。

女人的美丽，
也许不全在于精致的五官，
玲珑有致的身材，
而在于端庄的仪态，
得体的举止与一颦一笑间漾起的美好气质。

🎩 Happiness
人和阵，哪个都不能输

自信是女人最好的化妆品，
虽然我不知道这句话是谁说的，
但是非常赞同它。
一个自信的女人，
不管她的外表条件如何，
都会产生令人无法抗拒的魅力。

"明天就要竞聘部门经理了，我一定要把自己打扮得最漂亮。"怀着这样的想法，女职员穿上了美丽又得体的衣服，化上了精致的妆容。然而，到了与公司高层见面的时候，自己的外表却没有人注意到，最终没有得到期待的升迁。最令人不忿的是，优胜者居然是个其貌不扬的女性。

在现实中，一些女性以为把自己打扮得漂漂亮亮的，魅力就会增加，可是她们却发现，很多美丽的女人甚至还不如一些连妆都不化的女人更惹人喜爱。二者的差别到底在哪里呢？

当你站在街上，看到一个委委屈屈跟在男友身边耍性子的小女人和一个昂首挺胸、神采飞扬的女人时，会觉得哪种有魅力呢？根据调查，67%的五十岁以下男性更加欣赏自信的女人，而对身为同性的女人的调查结果也是如此，大家都更加喜欢与自信的女人相处。

我曾经到一个大学演讲，负责接待工作的是两位女性工作人员。一位是已经四十多岁的吉尔女士，一位是她的助手米雪儿。当我见到她们时，我就感觉到吉尔女士是一位非常有能力的女性，她洒脱大方，办事娴熟老练，给人十分可靠的感觉。演讲活动之后几天，再次来到培训班时，去听演讲的学员跟我说起那个美女工作人员时，我还在奇怪，吉尔女士并不能算是美女吧？

"是那个年轻的米雪儿啊！"同样是年轻人的学员说。

"我没有注意到，毕竟米雪儿只是在一旁协助。"我如实说。演讲活动日程很紧，我只注意和吉尔女士对各项事宜进行沟通，并未关心她们的外表。虽然米雪儿是一位美丽的女性，但是对于工作伙伴来说，干练的吉尔女士更加引人注目。

与过去数千年的男女地位倾斜现象相反，现在的女人已经不需要刻意扮作小鸟依人的模样来吸引男性的注意了，人们更加欣赏能够和男性一样独立的女性。一位心理学家说过，太"弱"的女性会给周围人带来压力和不安定的感觉，而自信的女人则会带给人安全感。

女士们，要求女性小鸟依人的时代已经过去，虽然现在的男人仍然会讲究绅士风度，在公共场合凡事都要"Lady first"，但是如果选择要与自己相处很久的女性——例如工作伙伴、女友，他们更加欣赏自信的女人。

美貌可以令女人在第一时间吸引人的注意，但是它只能骄傲一时，自信却会是女人一生的魅力。女人如果用精神焕发的状态去迎接生活，这将是比外貌更加强大的资本。

我曾经见到美国的著名模特卡梅林小姐，她是一位非常出色的模特，许多服装公司想请她做代言人，无数设计师争先恐后地邀请她做自己的模特。当我近距离与卡梅林小姐对话时，我发现卡梅林小姐的外形并不算很突出。我有些奇怪为什么一个长相普通的模特会这样有名呢？在采访中，我向她提出了疑问："卡梅林小姐，很多模特在相貌方面非常漂亮，但是她们为什么没有你有名气呢？"

卡梅林小姐笑了，她说："卡耐基先生，我知道你的意思。你是不是觉得奇怪，像我这样相貌平常的女孩怎么会走红呢？我承认自己外形很普通，不是那种让人一看到就十分惊艳的女人，很多女模特都比我漂亮。不过，我有一个优点是她们比不过我的，那就是我对自己充满了自信。有自信的女人才有魅力，如果一个女孩不相信自己的实力，即使她长得再漂亮，人们也注意不到她。"

卡梅林告诉我，她的优势在于自信，后来我有幸看到了她的走秀，T台上的卡梅林小姐精神饱满、意气风发，在一群模特当中非常耀眼夺目。而其他的模特虽然外表美丽，看起来却总是比卡梅林小姐少了一分气质，不如卡梅林小姐那样生气勃勃。我这个时候才明白，为什么卡梅林小姐会成为顶尖的模特。

人生就像一个大舞台，只有最自信的演员才能给导演和观众留下最深刻的印象。所以，各位女士们，你们一定要注意培养自信心，只有自己先相信自己，别人才会相信你。

许多女士看待自己时总是盯着自己的缺点不放，而认识不到自己的优点。随着这种看法逐渐加深，她们也就慢慢失去了自信心，人也变得消沉起来，对人对事都不能用积极的眼光去看待。这种状态对于职业女性来说是大敌。走上工作岗位之后，女性会面临很多变数和挫折，如果没有自信，又凭借什么在竞争激烈的社会中顽强生存下去？所以，女士们，你们一定要培养起自己的自信来。

幸福箴言 *Sayings on happiness*

自信的女人最美丽，有自信的女人不会随着年华老去而失去光彩，反而会越来越耀眼。不要对自己没有信心，试想一下：世界上人那么多，你却是独一无二的一个，为什么不自信呢？

🎩 Happiness
掌握好工作的进度条

上班之后，

面对千头万绪、纷繁复杂的工作，

你是不是感到头痛了呢？

费了很多心思处理完大堆的事务，

又要接着面对下一个任务，

长期这样，工作会变得没有效率，

不断地进行重复性的工作。

女士们，应该摆脱这种恶性循环了。

"工作没有计划，我这星期的工作步骤全部打乱了！""那两个文件我是按拿到手的顺序进行整理的，没想到二者要根据时间来修改数据。""老板交给我一大堆工作，该做哪一个到现在我还毫无头绪！"在你的身边是否经常听到这样的声音呢？或者你自己也经常被这样的事情困扰？

在我的培训班中聚集了各行各业的人，几乎成为一个小社会。在这里，大家都有一个共识，就是工作如果没有一定的条理性是非常耽误效率的。很多时候工作成绩不理想，不是因为职员不努力，而是因为过多的精力做了无用功。

尼可·加布里是我的一个学员，但是她在两周前开始缺课，后来当她来到班里进行演讲练习时和我诉说她最近遇到的问题。尼可是纽约一家机械公司的职员，上个月刚刚成为部门主管，但是升职的喜悦还没有尝够，尼可就陷入了工作的包围圈当中。因为尼可以前从未有过管理经验，以往她只要做好自己分内的事情就好，但是现在却要接受公司高层的授命并领导下面的职员。当部门里各位工作人员把手头事务交给她审阅时，尼可就容易出乱子，她不知道应该怎样处理现在的一大堆工作。

"卡耐基先生，我恐怕自己要缺课了，现在的我已经没有时间做工作以外的事情了。以往我只是一个资深职员，主管会安排我下一步的具体工作，如果我能自由发挥一下还能得到褒奖。以前觉得主管似乎很轻松，现在才发现这个工作很不好做。每天要做的工作千头万绪，我都不知道应该怎么办才好，只好加班去处理。"

我听了她的话，明白了尼可小姐现在的处境。我对她说："尼可小姐，我想我知道你现在的困境了，你不能对眼前突然变复杂的工作进行梳理，仍然按照以前个人工作的形式处理，导致工作混乱。加班不是解决问题的办法，你需要尽快地学会有条理地安排工作。"

"那么，卡耐基先生，我应该怎么做呢？我迫切地需要相关的经验。"尼可说。

　　我简单地给了尼可小姐几个建议，根据自己的经验告诉她一个计划表的制作方法，希望她可以试一试，并且多向公司的前辈请教。

　　后来的几周，尼可又缺了几次课，但是很快她又出现在了课堂上。她高兴地说："卡耐基先生，我来补课了！"看到她神采飞扬的样子，我就知道她的事情都处理好了。

　　女士们，你们是否也曾经遇到过尼可这样的困境呢？在公司里正热情十足地准备好好工作时却被杂乱的工作弄得晕头转向，忙得脚不沾地最终却效率不高。而另外一些公司，那群人从来都不忙碌，总是不紧不慢地做事，但是他们的事务却顺利进行，速度和质量一点儿都不差。这就是一套好的工作制度的效果。

　　女士们，你们是想成为一个依靠压榨时间来换取工作量的新手还是要平稳处理事务，让工作如同流水线一样按部就班地到达指定位置，迅速完成呢？答案显然是后者。

　　几年前，我在一次聚会上认识了辛迪女士，她是一位了不起的职业咨询师，曾经为许多人提出了中肯的建议，很多人在她的帮助下取得了不错的成绩。我在交谈时问辛迪女士："您曾经为许多的年轻人指导了工作中的问题，我想知道，在您看来，什么样的工作方式才能取得成功呢？"

　　辛迪女士很快就给出了她的意见："卡耐基先生，我认为，一个有工作潜力的人应当是善于安排工作的人。他应当拥有良好的工作习惯，在工作展开之前就已经制定出最有效率的模式。我曾经遇到很多聪明的年轻人，他们本来都很优秀，但是在工作上却总是让人失望，比如，有的人总是毛毛躁躁地抓起一个工作就开始处理，等好不容易弄完了才发现这个方案不如另外一个详细，应当优先做那一个。所以，我认为一个职业工作者学会有条理地安排工作是他成长的开始。"

辛迪女士的话给了我不少启发，我们在平时总是说"做工作"，但是在现实中大家要处理的却是大量的具体任务，每一件都要处理，却不能由着你一件一件慢悠悠地来，时间、资源都要高密度地利用，遇到这种难题怎么办？如果你是高层领导，还有秘书为你安排一下日程，但是高层管理者同样需要安排公司的项目进展，将手头各个合作案打理清楚。所以说，女士们，不管你处于什么职位，只要你走上工作岗位就会面临整理工作的挑战。很多人心里都明白，要想完成更多的工作，就必须找到各种方法克服混乱，全心处理重要工作，精简作业，避免不必要的人力、物力浪费。

个人认为，想要成为一个把工作打理得井井有条的人，方法也不是很难。首先你要制订合理的工作计划和流程，了解平时有哪些事务要负责，以及它们的轻重缓急如何，要事优先，琐碎的小事要找到相关负责人管理。如果你是一名管理者，要对本部门的常规工作做一个计划，哪些工作要交给部门内的某个人负责，哪些应该交给其他部门，哪些是与其他部门合作的等。如果你是一名被领导的职员，需要在每天上班之后，记录每日的工作要点，根据计划表行事。每天清晨，就是你安排一切的时刻。

办事情时如果头脑错乱，就会做事杂乱无章，缺乏条理，工作往往难以顺利进行。想要做好每一件工作就要讲究好时间安排，按照事情的紧急程度、重要性大小排出先后次序，把优先做的事情集中精力完美地完成，然后再进行下一步。能够当天完成的绝不拖到第二天的工作清单中。如果是阶段性的工程，要及时作好进度记录，随时查阅。

幸福箴言 *Sayings on happiness*

人的能力是有限的，但是我们可以通过恰当的方法使自己做出更多的成绩来，合理统筹好眼前的工作。女士们，很快你们就会发现自己变成了一个高效率的工作者。

女性的人生三重奏里，
最独特而珍贵的角色就是母亲。
她是另一个幼小生命的依靠，
不管经过几多年岁，
血脉的传承,仍旧温暖如初。

🎩 Happiness
别逞强，好女也需三个帮

工作不是单打独斗，
世界上没有一个人的公司和组织，
当你置身于职场时，
就意味着，
你必须与他人合作的生存模式到来了。

"对不起，我们不能继续雇用你了，同事们都很难和你沟通。""虽然你的表现很好，但是我们公司需要的是一个配合默契的团队而不是个人英雄。"当你一次次听到这种回答时，你是否感到迷惑：难道我的能力不强吗？为什么难以施展？其实，这是因为很多人虽然具有出众的工作能力，却不善于团队沟通，难以和其他同事进行交流，总是配合不好。长此下去，老板也只能忍痛割爱了。

有一次，我应邀到一家大型公司为员工作报告，那次我演讲的主题是团队协作。走上演讲台之后，我盛赞了公司每个部门对这个企业的贡献。

"道尔公司就像一栋大厦,它的每个雇员都是撑起这栋大厦的水泥钢筋和明亮的玻璃,缺少任何一个人,这栋大厦都会变得残缺。公司的每个部门都可以自豪地说'公司缺了我不行'。工厂的人制造出产品使大家的努力有了方向,公关部为公司形象宣传和打开知名度立下了很多功劳,市场部拓宽了产品销路使公司不断赢利,服务部为大家提供后勤保障,没有他们,大家就不能安心工作……所有人都是道尔公司大团队中的一员,正是因为大家的团结合作,公司才会正常运行,并且越来越强大。"

在这次演讲中,我要表达的内涵只有一个:公司需要各个部门的通力合作才能发展壮大。而在现实中,我也是这样认为的,我自己的教育事业也是建立在我的学生和助手合作的基础之上,仅仅凭我一个人,是不可能做好现在的工作并取得不错成绩的。

团队是一群有着共同目标、彼此认同的人的集合体,他们遵守同样的规则,有强烈的归属感。真正的团队应该是分工明确、十分默契的。所以说,不是在公司里摆上一群人就能够称之为团队,如果不能齐心,这些人也只是一盘散沙而已。在我看来,优秀的人才有两方面的含义,一是自身足够优秀,二是在工作中能够与他人密切配合做出优异的成绩来。这两点有时候并不统一,不少年轻人本身很有才华,但是他们不懂得团队合作。女士们,你们在工作过程中就很可能遇到这样的问题。

安吉·丽娜毕业于加利福尼亚大学,是这所名校培养出的优秀学生。她在找工作时进入了一家装修设计公司做设计员。安吉·丽娜的设计能力非常优秀，她在这方面确实有着过人的天分，上司也多次夸奖她的奇思妙想，公司对她的作品还是比较满意的。然而，安吉·丽娜却没能留在这家公司，就在她工作的第二个月，上司就告知她被公司辞退了。

愤愤不平的安吉·丽娜找到经理问道："经理，你不是一直说我做得很好吗？我到底哪里出了错要被辞退？"经理无奈地对她说："对不起，我承认这段时间以来你在工作上的表现确实很突出。但是，我们公司更需要的是一个能力出众的团队，而不是能力出众的个人。因此，我不想因为你而影响到公司的团队。"原来，安吉·丽娜在她上班的这段时间里和公司其他同事的关系闹得很僵，大家都对她不满，不愿意和她相处，经理权衡利弊之下只好放弃安吉·丽娜。

安吉·丽娜是一个非常骄傲的人，在那一个多月里，她总是依仗着自己的天分和能力咄咄逼人，对同事们指手画脚，根本不考虑自己还是个新人。每次主管给员工开会讨论设计构想时，安吉·丽娜总是抢话说，还用居高临下的口气发言，非常专断地指出这个设计方案应该怎么做，完全不顾及其他人心里是否舒服，也不尊重主管。在和同事们讨论具体的设计作品时，安吉·丽娜固执己见，对自己不满意的地方争论不休，坚持要对方服从她的意见。就这样，还不到两个月，安吉·丽娜就已经惹怒了所有的同事，没有人愿意与她合作。最后，她只能走人。

安吉·丽娜的做法是严重的失误，在我看来，这位年轻的女性不仅没有团队意识，还没有学会如何与人相处。尽管她有才华，却不应该把自己的位置摆得如此之高，不把任何人放在眼里。这种咄咄逼人的蛮横态度，即使是经验丰富的主管也不应该具有，何况她还只是公司的新人。不管能力有多强，她都是公司设计团队的后辈，资历经验都远逊于其他人。没有经验、没有代表作品的她是团队中最需要锻炼的人，而不是忙于指导别人的人。

上面的事例带给我们的是教训，那么，正确的团队沟通方式应当是怎样的呢？我想告诉女士们，你们进入职场之后，首先要认清公司的团队，毕竟不是所有的雇员都可以进入团队当中，如果你的工作要求你成为团队一员，那么，请采用平和的态度与团队中的每一个人好好沟通，获得大家的认同。获得认同感之后，你才会真正地融入团队。

幸福箴言 *Sayings on happiness*

女士们，如果想在工作中取得成绩，就不要企图做个人英雄，积极地加入一个成功的团队吧！在很多时候，团队的胜利才是真正的胜利！

Happiness
网住人脉，等于网住成功

人生活在世界上都是相互联系的，
人与人之间充满了各种各样的关系网络。
在这复杂的网络当中，
有的人如鱼得水，最后成了成功者。
虽然我们没有显赫的出身，
但是我们可以自己创造出重要的人脉资源。

"这次订单被抢走就是因为对手和客户走了关系。""××经理的人脉广，他出手肯定能办成。""××辞职了，听说是因为在公司里和同事关系搞得很僵。""××会成功还不是因为她运气好，交友广泛？"听到这些话，不禁让人想起人脉对于职业的巨大促进作用。

史蒂芬妮毕业于一所名牌大学，她刚进入社会的时候意气风发，她的才华也不可小觑。在应聘一家大公司的时候，她通过了重重考核，最终以第一名的身份进入了公司。公司的上层都非常看好这个斗志昂扬的年轻人。

史蒂芬妮不负众望，工作了几个月之后，就将自己的才能酣畅淋漓地发挥了出来。主管分配的任务，史蒂芬妮总是职员中完成得最快最好的，而且很少出现错误，即使是在公司工作过几年的员工，办事效率也不如史蒂芬妮。

　　不过，史蒂芬妮虽然工作出色，却不愿意与别人交往。史蒂芬妮的个性非常骄傲，早上到公司后遇到同事从来不主动打招呼，对于来往客户也懒得应付，统统推给别人，因为她认为自己不是做公关的。因为恃才傲物，史蒂芬妮在工作中经常苛刻地批评别人，让同事很下不来台。因此，公司的很多人都不喜欢她，不愿意和她一起工作。

　　史蒂芬妮在公司工作一年之后，因为成绩出色，公司老板准备提拔她，但是经理持反对态度，他说："史蒂芬妮小姐工作能力虽然强，但是她在公司的人际关系很不好，大家都不愿意和她在一起工作，在客户领域更是一片空白。我认为这样的职员不适合领导别人去做事情。"老板考虑之后，最终还是没有提拔史蒂芬妮。

　　史蒂芬妮的工作能力是毋庸置疑的，但是她在人脉经营方面的缺陷也是相当明显的，因此，公司老板也不放心把一群人交给她管理。人脉如此重要，已经压过了工作能力，成为职场中最重要的一种资源。

　　在经济社会里，人脉资源已经成为职业生涯的重要部分。懂得经营人脉的人是聪明成熟的职业者。有人指出，一个女人事业成功的因素，50%归功于人际交往，只有20%来自于自己。所以说，人脉是女人一生中最重要的资本。

在我创立成人教育事业的过程中，数不清的朋友给我带来了帮助，他们有的帮助书籍出版，有的帮我宣传，有的为我找到了有趣的采访对象，有的更是一直支持我到处巡讲。朋友对我的事业来说具有十分重要的意义。一位女性如果想在事业道路上走得更远，就需要开拓自己的人脉资源。

雷亚尔女士是一位精明能干的女强人，在职场打拼了十几年之后，她已经建立了一家中型公关公司。公司的规模虽然说不上数一数二，却屡次接到跨国公司才能接到的大单子。说起来，这还是雷亚尔女士人脉广的功劳。

一年前，某著名食品集团推出了一款新产品打入美国市场，把宣传业务交给了纽约一家大型广告公司负责，但是这家广告公司是外国董事控股的，刚刚进驻美国，与美国国内媒体尚未建立密切联系。这个公司的负责人考虑到雷亚尔女士与纽约媒体的良好关系，将部分业务转包给了她的公司。

之后，另外一个大公司与其他公关公司的合约到期，正巧那个公司里有雷亚尔的一个朋友，他把雷亚尔的公司介绍给了高层负责人。这位负责人决定与雷亚尔进行一次会谈。

雷亚尔非常期待这次会面，她和负责人见面之后侃侃而谈，充分展示了公司的服务质量。雷亚尔的风度和魄力令对方折服，最终拿到了合约。各个公司之间口碑相传的效果是惊人的，雷亚尔女士的公司先后签下了几家大型跨国公司之后，名头进一步打响，大量的跨国公司前来与之洽谈合作业务。雷亚尔女士的人脉为她的公司壮大开了一个好头。

如何积累人脉，这个问题其实很难回答，因为每个人的交际方式都是不一样的，有的人喜欢有共同志趣的君子之交，有的人喜欢豪气干云的哥们儿义气，有的人则是互递名片进行商务交往。

我想，我能够提出的建议是在与人交往过程中要用心，只有真诚地与人交往，才能收获长久的友谊。有的人可能觉得奇怪：我积累人脉不就是为了将来可以帮助我吗？但是如果你一开始就是抱着利用的想法去和人交往，那么这种交往从始至终都充满了利用的色彩。有谁会愿意被人利用呢？

与人交往，讲究诚信和礼貌，对待地位高的人要不卑不亢、尊敬有礼，维护自己的形象，对待普通的朋友要真诚交心。在这方面，我要承认，女人天生的细心和周到对交朋友具有很大的益处。女性的温柔使得她们在交朋友时常问候、热心帮忙，用自己的热心肠换取别人的好感，不知不觉中，双方就能够成为真正的好朋友了。

幸福箴言　*Sayings on happiness*

　　每天都有形形色色的人走在你身边，你是否产生了搞好人际关系的想法呢？一个人缘好的人即使不能得到利益上的帮助，也能够享受到快乐的工作和生活。

人生的路那么长，

我们总有一些完不成的梦想，

去不到的地方。

但我们的脚步却不应被这些"不能"所束缚，

把握当下的每一个瞬间，也许能获得更多。

🎩 Happiness

迎风微笑，才能创造奇迹

处于困局中的人，如果能看到希望，
不埋怨，不徘徊，
那他的困境就不再是困境，
而可能是凤凰涅槃。

　　在我事业的开始阶段，我遇到过很多困难，虽然最后都克服了，但是回想起那时候的困境，我仍然觉得那是我人生中的重要一课。在现实中，我们总是会遇到各种各样的困难和委屈。女士们，当你从一个小女孩长大成人走向社会时，就要作好随时迎接挑战的准备。在具体的工作中，你会遇到很多的麻烦和困难，如果不能正视这些困难，那么你的工作会变得非常难受。

　　我曾经采访过一个了不起的人物——威利·卡瑞尔，他是纽约州塞瑞西市卡瑞尔公司的负责人。他告诉我一个如何面对事业困境的方法，令我受益良多。

　　威利·卡瑞尔先生讲述了他年轻时候的经历，那时候的他在华盛顿水牛城的水牛钢铁公司工作。有一次，公司安装了一台用于清除瓦斯中杂质的瓦斯清洁机，安装好之后，公司让卡瑞尔先生进行调试。

当时的卡瑞尔先生根本没有调试这种机器的相关经验，因此在动手的时候非常紧张，心里惴惴不安，怕发生一些想不到的问题。

在这种担心之下，卡瑞尔先生终于做完了调试机器的工作，但是机器的运转达不到理想中的要求。卡瑞尔先生顿时感到一阵挫败感，自己的努力好像都白费了一样。卡瑞尔先生告诉我，他当时感觉仿佛有人在他脸上重重地打了一拳一样，心里很不舒服，胃和整个腹部都因为难过而疼痛起来。那段时间，卡瑞尔先生因为自己的工作没有效果而忧虑了很长时间。

卡瑞尔先生因此想到，当人们遇到困难的时候，通常都会手足无措，十分焦虑，有没有一种通用的方法可以解决这种困境呢？他开始探索这样的方法。经过一段时间的思索之后，卡瑞尔先生开创了一种新的思维方式来面对困难，这种方法令人在困难出现的时候不会逃避、忧虑，而是积极地面对问题。卡瑞尔先生一直使用这个方法，他的能力不断强大起来，最终开创了自己的事业。

那么卡瑞尔先生应对困难的方法是什么呢？他总共分三个步骤：

第一步，先忘记担心和害怕，认真地分析整个情况，然后找出万一失败将会出现什么最坏的情况。

第二步，找出可能发生的最坏情况之后，尝试着让自己接受它。

第三步，慢慢地让自己平静下来，把自己的精力和时间用于改善自己所面对的困难以及问题。

从卡瑞尔先生的指导中，我领悟到了这种方法的精髓：我们强迫自己面对最坏的情况，并且让自己的思想接受它们之后，就再也不怕任何困难了，同时也就有了应对工作中出现困境的勇气。

伊丽莎白是我的一位朋友，她是一家大公司的高层主管。三年前，她的公司出现了一次大危机，公司的总裁下台，公司股价出现大幅波动。在那段时间里，公司旗下的十几个品牌有半数出现了亏损，股价跌到了历史最低点。这家大公司出现了巨大的困境。就在这个时候，伊丽莎白作为高层中仅有的女性向董事长提出了辞呈。

伊丽莎白说，这次公司的危机并不是让她离开的原因，反而是她推迟离开的因素。早在发生危机之前，伊丽莎白就因为不满公司严重的官僚体制和迟滞的办事效率而动了离开的心思。她在公司里任职了八年，曾经数次抨击公司人浮于事、管理混乱，却没有见到任何改变。危机发生时她正在考虑递辞职信，因为不想给他人留下临阵脱逃的印象，她还犹豫了一段时间，最终忍无可忍地去找了董事长。

赏识伊丽莎白的董事长当场把她的辞职信撕掉并告诉她："你可以挽救公司。"伊丽莎白却坚持要离开，董事长不断挽留她，和她进行了数次长谈。伊丽莎白向董事长讲述了公司的一系列弊端，说起自己对公司现状的失望，她说："虽然我们还是世界大企业之一，可是我感觉它已经死了。"

每个人生阶段都有目标，
它在远方闪闪发光，
我要飞得更高才能离它更近。

"那你为什么不留下来让它脱胎换骨呢？"董事长告诉伊丽莎白："如果你愿意，现在你就是总裁。"伊丽莎白考虑了一会儿，她的目光变得坚定起来，只说了一个字："好！"

后来，伊丽莎白对公司的人事和管理制度进行了大刀阔斧的整顿，终于把公司从困境中解脱出来，再次获得了赢利。而她本人也成了企业界的传奇人物。

我想，在这个事例中，有两个值得佩服的人物，一个是董事长，一个是伊丽莎白。董事长敢于把公司交给伊丽莎白这个闹着要辞职的人，而伊丽莎白在考虑之后敢于接下公司——不客气地说，那是一个烂摊子，如果不从骨子里整顿，两年内就会破产。

女性的承受能力天生就比男性弱一点儿，不要用女权的观点抨击我，因为你也要正视男女的身体属性和历史对当下的影响。所以，女性在处理困难的时候要更加坚强一点儿。遇到困难的时候，请保持乐观的心态，无论发生怎样的困难都相信自己能够解决、事情会向好的方向发展。即使最终搞砸了，我们也还有其他办法可以起死回生。

幸福箴言　　*Sayings on happiness*

在人生的历练当中，如果连最可怕的情况都想到了，那么次等可怕的也就没什么了。女士们，当工作中出现困难的时候，想想这不算什么，你就会变得更有信心！

Part 04

身在围城，给你一张幸福处方

婚姻是一门艺术，也是一门学问，需要男人和女人共同学习成长。一个幸福的家庭绝不会没有磕磕绊绊，而是她和他都知道，如何让爱保鲜，以波澜不惊的姿态度过似水流年。

Happiness

知心知意，守护你们的爱

幸福就是找一个能够温暖你心的人，
慢慢地过一辈子，
珍惜爱你的人，珍惜你爱的人。
或许他在你身边的时候，你并不觉得，
但是我们都需要有这样的一个知心爱人，
需要有一份持久而真挚的爱。

很多时候，我们为了寻找一份历久弥坚的爱情走了太远的路。或许，走到最后，我们都已分不清到底是爱上了他，还是爱上了爱情。

我曾经观察过布莱克先生和他太太的生活，在他们的生活里，我感到了温馨。

布莱克太太在厨房做饭，而她先生则在客厅陪我下棋。突然，布莱克太太叫道："你进来一下。"虽然声音很大，但是能够听得出来，语气是很温柔的。于是，布莱克先生立刻充满歉意地朝我笑了笑，然后奔向厨房。虽然只有短短的几步路，但是我看见，他居然迫不及待，一溜小跑。

他从厨房出来的时候，手里还拿着切开的西红柿，他一边咬一边问我："接下来该轮到谁走棋了？"我看着他的动作，诧异地问："你喜欢吃生的西红柿？"布莱克先生一边咬着西红柿，一边抬头瞅了瞅厨房，说："其实我不太喜欢。"

我挺奇怪，接着问："那她为什么喊你，而且还切了这么一大块给你？"

布莱克先生耸耸肩，说："她以为我喜欢。刚结婚的时候，家里很穷，我又特别馋，每次炒西红柿的时候，我总是等不及，她就总要切一块，然后塞在我的嘴里。那个时候，我觉得那是绝无仅有的美味。这么多年过去了，其实我已经不太喜欢吃了。"

"那为什么不告诉她呢？"我诧异地问。

他回了我一个不可思议的表情："为什么要告诉她呢？如果她知道，我已经不爱吃她切给我的生西红柿，你想，她会不会很失望？"

简单而又深刻的回答，是我不曾想过的，我陷入了深思。那盘棋，也理所当然地输掉了。而布莱克先生则在赢了棋之后，对着厨房大声喊："老婆，我赢了，吃了你的西红柿，我精力充沛、思维敏捷……"

其实，在一起的时间长了，我们就会发现，爱情不只是花前月下，更多的是一些鸡毛蒜皮的小事情，或许是对方为你端上的咖啡，为你披上的衣服。问题的关键不在这些，而在爱情。

于是，很多人便想，我也想有这样的爱情，但是我不知道什么样的人能够做我的爱人，这一会儿的身心契合，能够维持多长时间？站在我眼前的这个人，真的就是我毕生所依的人吗？我们都会有这样的疑问，于是，在寻找爱人的路上，我们不停地走着。

丽萨和他的男朋友罗兹分手就是由于一次误会。罗兹是一所学校的中文课教师。那一天，丽萨去罗兹的学校找他，刚进教室，就看到教室里只有罗兹和一个外国女学生。罗兹竟然朝着那个女学生笑着指自己的腰带。丽萨一下子火上心头，气冲冲地离开了。尽管罗兹追上来解释说，这是一个新来的学生，听不懂中文，他只是在向那个女学生解释"腰带"的意思。丽萨怎么都不肯相信，心里的怀疑越来越重。没过两天，就到了罗兹的生日。在生日宴会上，还是这个女学生，居然在递给罗兹礼物的同时，笑着对他说："老师，我定做你的媳妇。"这句话一下子让丽萨无法再忍受下去了，她拿着手中的酒就泼向了罗兹，拒绝听他的任何解释，并且决然地与他分了手。又过了两年，丽萨在一次宴会中遇到了罗兹，终于知道了所谓的"真相"：那个女学生当时送给罗兹的礼物是她定做的西服，她的意思是，"老师，我给你定做的西服。"只不过，她的中文说得太差，才有了歧义。听完这个解释，丽萨十分后悔，但是一切已经无法挽回了。

幸福箴言 Sayings on happiness

你的爱人，需要你去用心体会，去明白他的心，去思考他到底想要什么。当你这样想的时候，你便能够更好地理解他、尊重他，便能够更用心地去保护他。

Happiness

找准方向，
你们也是"史密斯夫妇"

工作和爱情两不误并不是一个简单的想象而已，
很多人在忙碌中丢失了爱情，
很多人在爱情中迷失了工作，
这样一个并不好做的选择题需要你的睿智。

工作与爱情并不是死敌。你忙于工作也好，你的爱人"嫁"给了工作也好，这个过程中，你所要做的便是把握好尺度，不要让忙碌侵蚀了爱情，也别以爱为名义，阻挡了对方前进的脚步。

丽珊是一家人寿保险公司的业务经理，在这个行业里，她已经整整打拼了十年。开始的时候，她从事的是保险员的工作，要整天奔波于客户之间。很多时候，都是上午刚拜访完东家，下午又要去西家。这期间，还要不断地看到客户拒绝的脸色。但是这些她都坚持了下来。她的业绩终于有了起色，并且连年攀升，晋升为部门经理，这样一来，她就更忙更累了。根据不确定统计，她每天的工作时间都在十五个小时以上，她除了要自己继续扩大客户群外，还要天天激活四十多人的团队战斗力，保证自己的这个团队整体业绩名列前茅。但是这样的一个女强人，却面临着婚姻的危机。因为她把时间和精力都奉献给了工作，没有给自己的爱人留下一点儿。和她越来越光明的事业比较起来，她的婚姻便逐渐地昏暗起来。丽珊和丈夫交流的机会、共同的话题越来越少。她没有时间照料丈夫，也没有时间做家务，里里外外的一切都要靠丈夫来打理。而且工作太忙太累之后，他们的争执也越来越多。屡次冷战之后，他们只能走向分手。

其实，丽珊的爱人可以说是败给了丽珊的工作。虽然说女权运动已经兴起了多年，"男主外女主内"已经是过去时了，但是女人太过忙碌，却是很难有爱的。过度的忙碌，会消耗掉一个女人所有的情趣。她的美丽、她的温柔、她的精力通通都献给了工作，于是什么月下漫步、什么儿女情长、什么健身中心、什么朋友聚会，一切的一切都成了梦想。爱情和婚姻就在这样的忙碌中走向了消亡。

有一天，一个很久没有联系的老朋友打电话给我，想出来聊聊。接到这个电话，我还是非常诧异的，要知道，我这个朋友，实在是太忙了，他怎么会有闲暇时间来约我呢？会不会是他出了什么事情？于是，我便匆匆地赶到了说好的地方。他已经在那里了，远远地看上去，他没有什么特别大的变化，只是能够感觉到，他整个人都非常疲倦，而且精神不是特别好。

于是，我便问他，是不是发生了什么事，或者遇到了什么困难，需要老朋友帮忙的。他摇摇头说："不是，没有发生什么事，我就是太累了，想找你聊聊天。你知道，我的工作一直特别忙，而且压力也很大，最近一段时间尤其是这样，因为我们公司筹备建立一家新的分公司。我现在每天都要加班加到很晚，整个人都快要累得晕倒了。你知道，我并不是一个爱抱怨的人，工作这么累，我知道这对于公司来说是很重要的，我不抱怨。"

我非常诧异："可是为什么你看起来会那么憔悴啊？"

他苦笑着对我说："因为我的太太鲁西。我每天都这么累了，但是回到家以后，鲁西不但不关心我到底有多累，反而会不停地抱怨。我只要一回家，她就开始不停地说我，说我不能按时回家吃饭，不能陪她去逛街买东西。而且很多时候，她总爱拿别人的丈夫来和我比，谁谁的丈夫今天陪她去逛街了，明天陪她去度假了。这样的比较让我非常恼火。我本来就已经很累了，回到家，她也不让我好好地休息一下，我觉得太辛苦了，连家里都不能让我觉得放松，我不知道还有哪里容得下我，而且鲁西根本就不能理解我。我难道不想陪她吃饭，陪她逛街吗？可是我真的很忙，她就不能理解一下，支持一下我的工作吗？我现在被她搞得心神不宁，也没法好好地工作了。"

其实，像这样的事情还有很多很多。这样的矛盾在很多情况下都会存在。男人一心扑在事业上的时候，往往就会失去爱他的女人。因为女人在他忙碌的时候，感到的是无尽的寂寞。男人常说"好累"，希望能够得到女人的心疼，他会说："我这么忙，这么累，都是为了能够给你更好的生活，等我们生活好了的时候，就不会这样了。"但事实上，这种忙、累不会因为生活变好而有所缓解，而是会持续不断地存在着。女人要怎么样才能真正地战胜这个强劲对手呢?

总之，在对方忙于工作的时候，你也要让自己忙起来，不要在闲得发慌的时候，和他的工作争宠，这样不会有什么好的结果。你要努力让自己不打扰他的工作，而且还要适当地"邀功"："你看，为了不打扰你工作，我做了××事情。"这样，才会让对方感觉到你对他的支持。而且，在你和他的工作相抗衡的时候，女士们，你一定要保持一个良好的心态："放心吧，这么忙的时候并不是经常会出现。很快就会过去的，我一定能够克服。"只有这样，才能让双方都忙得漂亮。

这样做的话，你会发现，在忙碌中也能感觉到对方的爱，等到特别忙碌的这段时间过去了，一切都会好起来的。

幸福箴言　　　　*Sayings on happiness*

爱情无论如何坚固，都无法忍受忙碌的侵蚀。在忙碌的时候，一定要记得关心他，记得让他感受到你的爱与支持。

✎ Happiness
女人的暗器叫"软刀子"

我们可以有轰轰烈烈的爱情，
也可以有灿烂的人生。
但是你的幸福如果没有家人分享，
那将会是一生的遗憾。

不久之前，我去拜访老朋友弗拉德。刚刚进门没多久，我就听见弗拉德的妻子丽莎在高声地叫喊着："弗拉德，你怎么还磨磨蹭蹭没准备好啊！我不是和你说，要去时尚广场吗？你必须要陪我去。"一听到这话，弗拉德有点挂不住脸了，他很不耐烦地说："我知道，可是现在有客人在啊。"这时候，丽莎也下楼来了，看见我坐着，说："那算了吧，我们下午再去好了。"这种情况弄得我很尴尬，不知道是不是应该马上告辞，好让人家夫妻俩去逛街。幸好，弗拉德并不怎么介意，热情地和我继续聊着。

这之后没几天，弗拉德惆怅地来找我，告诉我说，他想和丽莎离婚了。我感到非常惊讶，问他原因，他迟疑了一会儿，告诉我说："我实在是没有办法和这样的女人继续生活下去了，你根本就想象不到，我现在一丁点儿自主的权力都没有，丽莎想要做什么的时候，我就必须得服从。如果我表示出一点儿不满意，她肯定会大吵大闹。这么长时间以来，我一直忍着，因为有孩子们，我不想他们受到伤害。可现在，丽莎越来越变本加厉了，我实在是受不了了，我要为了我的自由和权力反抗，我一定要和她离婚。"

听着弗拉德的诉说，我感到非常遗憾。因为丽莎其实也是我的好朋友，我知道丽莎还是非常爱弗拉德的，她也从来没想过，要把弗拉德当成是奴隶，但是她却用了这种"强迫"的方法来表现自己的爱，将自己定位成一个女王，从而使得弗拉德无法忍受，想要推翻她的专制统治。事实上，我只能说，这是不懂爱的悲哀。

事实上，像丽莎一样的女人，还有很多。她们不懂得怎样让丈夫去做事，总是单调地强迫，她们总是用"必须"、"你应该"、"你一定"这样的字眼，就算是男人答应了她们的要求，那也是不情愿的。

其实，没有女人不希望自己的丈夫是完美的，她们恨不得世界上所有的优点在自己的丈夫身上都能有所体现。女人若想要改造自己的丈夫，那么最好的方法，就是引导他，让他觉得那种特点已经成了他的标签。

洛林先生是一个不拘小节的人，他经常会把妻子辛辛苦苦整理好的房间弄得脏乱不堪。当然，他并不是故意这样做的，但是他真的不太清楚自己的哪些行为会造成这样的破坏，他也根本就不知道怎么做是不对的。刚开始的时候，洛林太太非常生气，她采取了最直接的方法，命令洛林先生不准这样、不准那样，但是毫无效果，她刚说完，洛林先生转身就忘了，而且，因为她经常说教，夫妻两人就经常吵架。后来，洛林太太觉得这样实在不是办法，就开始筹划，她向一位专家取经，决定改变自己的做法。

这一天，洛林太太刚刚打扫完房间，丈夫便又叼着烟，想进去搞点什么破坏了。洛林太太没有直接训斥，而是微笑着问他："亲爱的，你觉得咱们的屋子现在是不是特别漂亮啊？"洛林先生环视了周围一圈，然后肯定地说："是啊，非常漂亮，怎么了，亲爱的？"太太接着问："那你愿意在这样的环境下生活吗？""当然了。""那你是不是也愿为了保持这种美好的环境而做点什么呢？"洛林先生低着头想了想，说："是啊，我应该做点什么。"说完之后，他就立即把手里的烟给熄灭了。

这种温和而睿智的做法，要比强迫和命令来得有效，其实，如果妻子就像这样，给丈夫一些自主的权力，让他们来做自己感觉对的事情，顺理成章就行了。

女士们，你们是否觉得这个方法很有效呢？那么，还等什么呢？就这样去做吧！

幸福箴言　　　　　　　　　*S*ayings on happiness

　　男人有的时候会因为过分的自尊而忽略了别人给自己的好建议，可能他只是拉不下面子，觉得受到了伤害。所以，强迫是不可行的，放低身段的劝导才能最终达到目的。

Happiness

这年头，
笑到最后的往往都是"细节控"

婚姻的本质是一连串细节上的东西，
如果你忽视了细节的作用，
就会在生活中导致各种各样的矛盾，
而这些也正是导致婚姻危机的根源。

　　芝加哥有一名著名的法官，叫萨巴兹，他办理过很多案件，其中最多的就是和婚姻有关的案子。也正是由于有了这样丰富的经验，他对于婚姻和家庭，乃至导致离婚的原因，有着更为深刻的认识。

　　我曾经问过他，什么是导致婚姻失败的罪魁祸首。他给出了让我十分震惊的回答："很多人都认为婚姻失败的主要原因是经济困难、性生活不满意、个性不合等。但事实上，从我处理的这么多的婚姻案件来看，上面讲的这些问题虽然起到了很大的作用，不过却不是最主要的原因。大多数的夫妻不能和睦相处，最终导致婚姻破裂，最根本的原因在于他们都忽视了生活的小细节。不要以为细节不重要，其实，这些潜移默化的微小行为正蕴涵了两人之间的感情。如果妻子都能够在丈夫早上出门的时候愉快地和他挥手说再见，那么芝加哥的离婚率将会下降很多。"

开始的时候，我并不赞同这一观点，但是，萨巴兹给我讲了一个故事，这是他曾经调解过的一桩案子。当时，这对夫妻来找他，告诉他说，他们两个已经下定决心要离婚了。

于是，萨巴兹要求他们坐下来，商讨一下有关离婚的条件和各种各样的分配问题。经过一阵讨论之后，这对夫妻惊讶地发现，他们在很多事情上都还会考虑对方的需要，还惦记和关心着对方。

萨巴兹语重心长地对这两个人说："其实我见过太多像你们这样的夫妻了，你们之间的爱情并没有消亡，只不过是被繁忙的工作和生活中各种琐碎的细节淹没了。"

后来，这对夫妻在他的调解之下，选择了撤回离婚诉状。

听完这个故事，我惊奇地发现，细节在婚姻中还是发挥着重要的作用的。一段婚姻实际上就是由成千上万个细节所组成的，当你忽略了一个细节的时候，可能还没有什么问题，但是当你忽略了所有的细节的时候，你会发现，你的婚姻已经走到了毁灭的尽头。

阿迪娜·米勒曾经说过："毁灭我们幸福美好时光的并不是已经失去的爱，实际上，正是生活中的小细节促使了爱的死亡。举个例子来说，如果你的丈夫正惬意地靠在沙发上，跷着二郎腿看着电视节目，你很多时候只会看到这是一种没有修养、放肆的行为，但事实上，这对于你的丈夫而言，可能恰恰是一种美的享受。于是，这样两种不同的理解不断累积，两个人之间，只能是越走越远，难以挽回。"

女士们，请你们记住一句话：没有付出是不会有回报的，哪怕他是你的丈夫，也不会平白给你什么。当你给予了丈夫生活中细小的体贴时，你也能够从他身上获得无穷的快乐。这是相互的。

幸福箴言 *Sayings on happiness*

美满幸福的婚姻谁都想得到，但是付出与回报是相互的，所以，为了收获更多，请多关心自己的丈夫，尤其是一些生活的小细节。

你和我，在初见时惊心，
然后慢慢嵌入灵魂的印记。
但只有当我们站成平等的姿态时，
爱情这朵花才能从缝隙中盛开。

Happiness
从女人到母亲的华丽转身

比尔·盖茨曾说：
"最有希望的成功者，
并不是才华最出众的人，
而是那些最善于利用每一个时机发掘开拓的人。"
对于不谙世事的孩子来说，
家长对他们人生的设计起着举足轻重的作用。

     所有的母亲都是爱孩子的，但并不是所有的母亲都会爱孩子。要知道，每一个母亲对子女的义务是通过两方面来实现的，一个是抚养，另一个是教育。很多母亲都只关注了对孩子的抚养，却忽视了对孩子的教育。也正是由于缺少教育，或者说教育不太完善，造成了很多孩子成长中的问题。

     美国青少年家庭董事会秘书华兹先生曾经说过，"青少年缺少家庭的教育，尤其是来自母亲的正确教育，是导致他们走上犯罪道路的主要原因。"

     在俄克拉荷马州的一家联邦少年教养所内，我认识了这样一个孩子。他在说起自己母亲的教育时，神情是那样痛楚，这让我感觉十分悲痛。这个孩子说，他在进了教养所之后，给母亲写了很多封信，信上告诉母亲，他在这里学到了很多东西，并且自己也有了很大的改变。但是出乎意料的是，母亲的回信却带有浓烈的鄙视的意味："请你以后不要再陶醉于微小的改变之类的无聊事情了。这个世界上除了监狱之外，没有什么地方是适合你待着的，你还是在里边好好地待着吧。"

看到这封信的时候，我被吓了一跳，这种鄙视和遗弃会给孩子带来多大的伤害啊！果然，看完信之后，孩子都有一些癫狂了，他的眼里散发出的是一种浓浓的失望和怨恨，一种仇恨的感觉。对于这样的眼神，我实在是不能坐视不管。于是我便跟这个孩子进行了长期的接触。

在他的情绪稍微稳定一些后，我和他谈到了他母亲的问题。我不相信有孩子生下来就是罪恶的、要到监狱里去受刑罚的，这中间肯定有着什么不可忽视的恶劣影响。果然，一段时间之后，我了解到，这一切的根源居然在于他母亲对他的教育上。

在他很小的时候，母亲教给他的知识居然是如何在别人不注意的时候偷拿东西。在他十岁的时候，在好奇心的驱使之下，他迷上了抽烟，他的母亲不但没有进行阻止，反而是鼓励他，告诉他，这是男子汉的行为。进学校之后，他曾经很多次和别的学生打架，对此，母亲也没有严厉地训斥，甚至都没有责怪过他，好像打架这件事是理所当然的一样。他的父亲曾经对此给予批评，但是无奈，母亲给他撑腰，告诉他，打架是有勇气的表现，千万不要做一个老被别人欺负的窝囊废。

在这样的教育下，这个孩子在黑暗的道路上越走越远，最终因为拦路抢劫，被关进了少年教养所。可直到这个时候，他的母亲仍然没有意识到，孩子的这一切都是她造成的，她的不正确教育、她的厌弃，将这个孩子原本光明的前途彻底毁灭了。

试想一下，如果这位母亲能够对儿子进行正确的教育，那她的孩子还会在大好年华里被关进高墙之内吗？会不会能够非常快乐地过着平凡的生活？应该是很有可能的吧。毕竟这都是后天的教育所造成的。

事实上，在父亲和母亲之间，母亲似乎更具有教育孩子的优势，因为她们具有抚养孩子的天性，与孩子相处的时间会更长一些，而且她们的心思也更加细密，所以，母亲对于孩子的教育具有得天独厚的优势。但是有很多女士不赞成这样的说法，"教育孩子是父母双方共同的事情，怎么能够将所有的事情都推到母亲的身上呢？难道父亲没有责任吗？"这样的指责可以说是有一定道理的，但是我也并没有说，父亲对于孩子的教育不负有责任，只是相对来说，母亲的教育影响更为大一些而已。

听完这些优势之后，相信很多女士都会感到非常激动，因为有人承认了她们教育子女的重要意义，于是，她们也愿意承担更多的责任，愿意为子女做更多的事情。但是具体要怎么做呢？难道真的就像那位少年犯的母亲一样？看来那样的教育方式是该被大家鄙夷的，没有一个有头脑的母亲会做出那样的事情。

母亲教育子女的第一点，便是要提高自己的修养和素质。作为教育的第一堂课，母亲便要提高自己的素质，在与孩子们相处时，要严格地注意自己的一言一行。

第二点，母亲要能够多给孩子一些表扬和鼓励。我们都知道，表扬具有非常积极的作用，能够使人创造奇迹，而相反，过多的批评则会导致孩子过多的自责，使他们为了获得成功而做出一些冒险的行为。这样对比来看，表扬的作用要更好一些。

第三点，便是母亲要为自己的爱设定较为宽松的界限。如果你的孩子不小心越界了，你要告诉他，你对他的这种行为感到失望，但不是对他这个人感到失望，还有补救的机会。

另外，母亲在教育子女的过程中，要能为孩子树立一个道德指南针，不仅仅要在重大的事情上培养孩子的是非观念，在日常小事中，也要让孩子们学会明辨是非。女士们，请注意自己的行为，我相信，没有一个母亲希望有一天，当她阻止自己的孩子做某件错事时，孩子对她说："可是，妈妈，你就是这样做的啊。"这样的场景是没有人愿意看到的。

幸福箴言 *Sayings on happiness*

只有家长有一桶水，才能给孩子一碗水，所以，当务之急便是提高家长自身的修养和素质。

Happiness
请你丧心病狂地说爱我

著名的心理学家波尔特说:
"人们常说,他永远不会认为别人
给予他的爱已经让他感到满足了。"
事实上,
每个人都对爱有着渴求甚至是贪婪的态度,
都希望从别人的身上获得更多的爱。

很多人都有这样的感觉,在谈恋爱的时候,那些甜言蜜语我们很容易说出口,总是将爱挂在嘴边,但是一旦结婚,我们说爱就说得很少了,西方人还好一些,东方人骨子里的谨慎让他们说得更少。事实上,这样的状况对于婚姻和家庭来说,并不是一种最优的选择。

爱在人类生活中有着十分重要的作用,不管你是否相信,爱在你的生活中会创造一个又一个奇迹,你对丈夫纯洁、真挚的爱会成为他努力工作的动力。当你全心全意地爱上一个人的时候,你会心甘情愿地为他做任何事,只要能让他开心、幸福,怎样都可以。既然爱都爱了，为什么不表达出来呢？

曾经有一位诗人说过："世界上最可悲的事情，就是在经过之后才发现自己曾经拥有非常宝贵的东西，但是自己当时却没有这种感觉。"

我认识吉米和他的妻子劳拉，他们都是我的好朋友，我看着他们从恋爱到结婚，日子一直过得是顺风顺水的。但事实上，吉米却过得并不开心。有一次他来找我喝酒，喝得醉醺醺的时候，吉米居然像个小孩子一样哭起来，他沉重地说："我的生活真的是不开心，我不知道自己是不是做得不够好。但是我真的已经尽力了。可为什么这么多年了，劳拉却从来没有夸奖过我，也从来没有说过对现在的生活是不是很满意？这些她都不说，即使我们在一起生活了这么多年，我也不知道她到底是怎么想的。我做了很多努力，尽我最大的可能，给了她我所有能给的东西，可是我却不知道她过得是否幸福，我甚至怀疑她到底爱不爱我了，毕竟已经有好几年的时间，她都没有说过'我爱你'这三个字了。"

之后不久，吉米就去世了。我在对老朋友逝去感到悲痛的同时，收到了他的妻子劳拉寄给我的一封信。信中有这样一段话，让我一直记忆犹新："也许，吉米到死的时候都不知道我一直都是那么爱他、需要他，我的生活离不开他。我知道他肯定是带着遗憾走的，如果再给我一次机会，我肯定会把所有的心事都告诉吉米。可是真的晚了，吉米已经走了，不可能再回来了，也永远都不会知道我是那么爱他。这也将是我永远的痛。"

事实上，我也为吉米和劳拉的事情而感慨，明明是相爱的两个人，却因为不坦白而衍生出了许多误会。这其中，最重要的原因就在于劳拉没有能够将自己的爱和幸福感传达给吉米。

女士们，请千万不要认为，这只是一个偶然的事件。事实上，这一问题在很多家庭中都存在。美国著名的两性心理学家德尔曼曾经出过一份名为《婚姻的毒药》的调查报告。他在报告中写道："在美国，性格不合、粗野、唠叨、挑剔是导致夫妻之间出现不合的罪魁祸首，然而，令人意想不到的是，我的调查告诉我，导致美国人的婚姻出现问题的第二大原因，居然是妻子不知道该怎样向丈夫表达出自己的爱。"

这真是一个令人吃惊的结果！简简单单的"我爱你"为什么就说不出口呢？或许有太多的人没有意识到，不将爱说出来会有多么严重的后果吧！现在我来告诉你，如果不及时地将你的爱告诉你的丈夫，那么：

你就不能让你的丈夫明确你是否爱他；

你就会使得你的丈夫对他的努力产生怀疑；

你就会使得你的丈夫不信任和你之间的爱情。

仅仅是一句话，如果不说，便会有这样的严重后果。但问题是，这样的爱和幸福感要怎样表达出来？

我曾经看到过这样一个故事，讲的是一对研究生物学的夫妻，他们两在森林里进行研究时遇到了猛虎，丈夫稍微迟疑了一下，就拔腿向远处跑去，引开了老虎，用自己的生命保护了妻子的安全。

刚读这个故事的时候，我的确是感动的，觉得丈夫的爱很伟大，但是又读了几遍，我慢慢地就开始思考一些问题：在丈夫跑向远处的一刹那，做妻子的难道真的明白丈夫的良苦用心吗？她会不会认为自己的丈夫是一个临阵脱逃的懦夫？

哪怕是妻子与丈夫真的心灵相通，明白丈夫的舍命爱护，可是她眼睁睁地看着心爱的人在虎口的撕咬之下变得血肉模糊，这是怎样的一种痛苦？在剩下的一个人的漫长岁月里，她要怎样忍受思念与痛苦？

此时在老虎嘴下奄奄一息的他，看着妻子悲痛欲绝的神情会不会后悔没有和她在一起？如果两个人携手去面对猛虎，微笑着去面对死亡，这应该也是一种很好的方式吧？

我忍不住想着这一个又一个疑问，最终归结到了一个问题：爱，到底要怎样表达？其实，这真的是一个很私人的问题，每个人都有自己的选择，我唯一的期望，就是大家将爱表达出来，将这种美好的情感真实地呈现在众人面前。

幸福箴言　　　　*Sayings on happiness*

夫妻之间传递信息，表达感情的方式是多种多样的，但是无论哪一种，最重要的都是真心。将你爱他的心融合在表达的过程中，那么形式可能也就不那么重要了。事实上，妻子要想让丈夫知道自己的爱与幸福感，有一些小小的技巧还是可以用一下的。

🎩 Happiness
家庭里的理财CEO

有一位著名的经济学家曾经说过：

"大多数人不能真正地理解金钱的含义，

因为对他们来说，

收入的增加并不代表着生活水平的改善，

这仅仅代表着他们有更多的地方需要花销。"

为什么会这样呢，

因为大多数人不了解理财的概念。

其实，这是很重要的一课。

　　我们不得不承认一个悲哀的现实，那就是我们现在所拥有的钱，与几年前相比，实在是贬值了很多。虽然说，人们的生活水平有了一定程度的提高，但是相应地，物价水平也在不断地上涨，各项生活的基本支出越来越高，孩子的教育费也日渐攀升，这个时候，就有一个日渐严重的问题摆在了诸位主妇的面前，那就是家庭理财。

　　关于家庭理财这个概念，很多人并不理解，也有很多人错误地将它认为是一件简单的事情，事实则不然。有一位著名的学者曾经这样说过家庭理财，"家庭理财其实并不是一件很困难的事情，对于我们来说，只要把握住一点就够了，那就是有钱你就多花，没钱你就少花。"这话说着简单，但要真正施行起来却是非常困难的。有钱的时候，状况还稍微好一些，可如果没钱呢，你拿什么去应对那一项项必需的支出。如果没有了可以周转的钱，对于一个家庭来说，实在是一件可悲的事情。

其实，用简单的几个字来概括家庭理财，那便是开源节流、预算开支。只要掌握好了这几个字，家庭理财其实也不是特别困难的一件事情。

首先，我们来说开源的问题。用最简单的词汇来理解，开源就是要多挣钱。那除了正常的工资收入之外，我们怎么才能变出更多的钱呢，这就是投资的问题了。钱生钱，谁不喜欢呀，但是具体往哪个领域投资，这并不是一件简单的事情，可能需要夫妻两个认真仔细地研究之后才能做出决定。我在这里就简单地提几种投资的方式。

先是股票。股票人人都喜欢，钱多的大买，钱少的小买，几乎是全民皆股。但是股票这个东西是有很大的风险的，经常有各种媒体会报道，某某人炒股赔了多少多少跳楼自杀之类的。于是，谨慎这个词就成了每一个股民都需要记住的金玉良言，从刚进股市就知道的"股市有风险，入市需谨慎"，到每一次的操作，谨慎是必须的。在风险和利益的博弈面前，如果你看不准大盘或者个股的走势，最保守、也最不会出错的建议应该就是谨慎观望了。

再是保险。这年头，是个人就怕出意外，所以，N多人选择投保。当然，有灾有病获赔、没病图个心安这已经是保险最原始的意义了。在高速发展的今天，人们买保险，很大程度上都是冲着利益去的，都把它作为一种投资方式。这样做，几乎可以达到有病拿钱，没病收益的效果，很多人都越来越喜欢这种投资模式了。

接着是基金。这是时下的年轻小白领们经常用的一种投资方式，尤其是基金定投，本钱比较少，期限也比较短，灵活性很强，是比较自由的一种投资。

再来看房地产投资，一般这是财大气粗的人才能选择的投资方式，一套房动辄上百万，普通人也没有这样的经济实力，于是，家底薄的人都靠边站吧。

接着说说收藏，这更是一个劳心劳力的活儿，你可以收藏金银条，可以收藏各种古玩器皿，只要是值钱的东西，都可以收藏起来，只要有人买，你提价卖出去，那就成了。

其实，开源这部分内容在家庭理财中并不是很重要的一部分，毕竟在一段时间之内，一个家庭的经济收入是基本固定的，没有什么大的出入。在这样的情况下，做好预算开支就显得非常重要了。

首先你要记录下日常生活中的每一笔开销，清楚自己收入的使用情况，这样才能够分析出自己家的财政收支情况，制订出合理的开支计划。

　　记录以往的花销是非常必要的，只有这样，我们才能够找出自己每一笔钱花在哪里，如果超支了，是在哪儿超了，这样才能够适当地做出调整。这个方法应该是十分有效的。

　　我认识一对夫妻，他们在记录花销这一点上就做得非常好。他们每个月都要对自己的家庭生活开支进行详细的记录和比对，这一记录，还真的就看出了问题。他们每个月竟然要花费100美元来买酒，但事实上，这夫妻俩都不怎么喝酒，那这些酒都去了哪里呢？后来，夫妻两个经过认真的分析，找出了原因，那就是虽然他们俩都不爱喝酒，但是他们的朋友爱喝。而他们是很好客的一对儿，经常要邀请一些朋友来家里小聚，聚会的过程中，朋友们就难免来上几杯。于是，朋友来得多了，酒便逐渐地变少了，没有了。找到原因之后，这对夫妇做出了一个决定，那就是以后再也不把自己的家当成是免费的酒吧了。朋友照请，聚会照开，但就是不提供酒水了。这样一来，这夫妻俩一个月就能攒下100美元，他们就能用这些钱去做自己喜欢做的事儿了。

　　在正常的预算开支中，还有一条是储蓄。但事实上，许多人忽视了合理储蓄在理财中的重要作用。很多人都持有这样的错误观点，他们认为只要理好财，储蓄与否并不重要。事实上，这种说法是非常有害的，毕竟如果没有储蓄，那么，财富积累的难度就会很大，也很难实现自己的财务目标。所以，奉劝大家，还是要"先储蓄，后消费"！根据具体的比例来说，你可以在每个月发完工资之后，从中取出一部分先存起来，至于存多少，是比较自由的，不过有理财专家建议，这一比例最好是在15%至30%。取出这一部分来以后，剩下的钱再用于消费，并且严格规定自己只能用剩下的这部分钱进行消费开支，不能超支，因为你只有这么多钱，你必须做好你的消费支出计划，对支出进行严格的控制。

这样做了之后，你会发现，有不少的好处存在：第一，能够培养良好的投资储蓄习惯，不断进行财富的积累。第二，能够培养良好的消费习惯，因为要对各项支出进行有计划的控制，所以，以后每个月的消费品、住房、交通、通信、休闲等各项开支都要先做好预算，如果预算做得不好，可以重做，但是这一过程，就表明了要将每项开支项控制在预算之内。

关于储蓄和洛克菲勒，还有一个十分著名的故事。有一天，洛克菲勒在一份晚报上看到了出售发财秘诀的巨幅广告，他于是便连夜赶到书店去购买这本"求之不得"的书。他把书拿回家，急急忙忙拆开包装严密的《发财秘诀》，却发现书内空无他物，仅仅有"勤俭"两个大字。洛克菲勒又生气又失望，一怒之下便将书扔到了地上，想转身去书店找老板算账。但是当时已经很晚了，他估计着书店可能已经关门了，就气冲冲地睡下了，想第二天再去书店算账。这一晚上，洛克菲勒却辗转反侧，难以入睡，一开始的时候，他的确是对书的作者和书店非常生气，气愤他们为什么要用这么简单的两个字印书骗人，让他将辛辛苦苦

不管你是女强人，还是拼命三娘，都需要其他人来帮，一个人不可能托举起世界的重量。

攒的5美元血汗钱浪费在这"骗术"上！可是想来想去，他的气就渐渐消了，开始思考，为什么作者会仅仅用两个字出版一本书呢？又为什么偏偏选择了"勤俭"这两个字呢？他想来想去，越想越猜出了作者的用意，越想越觉得勤俭是人生立世和致富的根本道路。想到这里，他急忙从床上翻下来，把这本书从地上捡起来，然后端正地摆在卧室的书桌上，并以此作为他奋斗创业的座右铭。从此以后，他开始努力地打工，埋头苦干，把每天挣来的钱，除了交给家里一部分外，其余的，一分都不乱花，全部积攒起来，准备以后创业之用。就这样，5年之后，洛克菲勒积攒了800美元，他就用这笔钱开创了他的事业，并且一步一步地成了石油大王。

看完这个故事，我们除了要感叹"坚实的财富是需要努力和节俭才能追求到的"这一理论，还需要从经济学的角度来看，来注意储蓄在其中发挥的重要作用，正是由于储蓄的力量，洛克菲勒才最终得到了许多意想不到的赚钱机会。

在说完这些之后，我们具体来看一看该如何制订一份预算计划。或许你本身就是做财务的，对此有非常明确的概念，你可以按照自己的经验来做。如果不是，我想推荐给你们一种简单的方法，说白了就是重要性递降的预算法。首先，你要列出这一年或者说这一月必需的开支，比如说房贷、房租、需要缴纳的保险费用、水电费、煤气费、食物的费用。将这些费用分别是多少列出来，算出一个相对固定的总数，这一部分钱就是必须要花的，可以作为每次的固定支出。然后，我们再来算第二类，位于这一类的，就是医药费、交通费、电话费等的费用。这些费用也是必须要支出的，但是多少是不固定的，除非特别紧急的情况，否则这一部分的费用是可以压缩的，举个例子，你可以将打车变成乘坐公交，这样一点一滴省下来的钱也不会是一个小数目。当然，缩减这一部分的费用是在经济紧张的情况下，如果家庭财政还不存在什么负担，这一部分的钱可以正常支出的。接下来，我们来算第三类，这一类里面包含有购物费、交际费、娱乐费等，这些费用如果不是特别必要，是可以裁减的。

事实上，这么一算，很多女士们都会发现，原来自己以前把很多钱都花在了第三类上，而且还花费不菲。经过这样的预算计算以后，你对自己家中的经济有了更深刻的了解。你就需要增强控制能力，使自己不被一些东西诱惑，不至于一时冲动买下预算之外的东西。但事实上，女士们，你们也不用太过发愁，做这个预算，不是说剥夺了你们购物的权利，而是让你能更好地选择、思考一下，而且，家人在这个过程中也能起着非常重要的作用。因为你要动用的是全家的财政，所以别人有权利对你的消费提出建议或者意见。比如说，你要不要为了一件貂皮大衣而放弃一台洗衣机？你要不要为了一件好看的首饰而放弃美丽的衣服？这个问题只有你和你的家人有权利决定。这个时候，你就会发现，一张预算表有多么重要了。你可以在纸上认真地划拉划拉，算一下本月的活动资金有多少，够不够买这样的东西，然后家人允不允许你买这样的东西。

事实上，这才是家庭理财中最重要的部分，说起来容易，真正实施起来，要做出选择是非常不容易的。所以，最重要的，这份预算计划，你要得到家人的支持，并且自己要有坚定的信心和决心。只有这样，才能真正将家庭理财做好。

幸福箴言　*Sayings on happiness*

如果将婚姻比作一艘船，稳定的经济基础就如同航行时为船只提供保障的桅杆。作为这艘船上的女主人，你要做的不仅是欣赏周遭的风景，更要时时留意这根桅杆，合理分配并使用家庭的财产，让你们既可以在风平浪静时惬意安然，也可在突遭风暴时力挽狂澜。

Part 05

我努力踮起脚尖，只是为了离幸福更近

生活，绝非一帆风顺，也不可能处处缤纷，有时你需要忍受寂寥，在青灯下破茧；有时你需要抵挡忧虑，让自己轻装上阵，但无论如何，你努力踮起的脚尖，都是为了离幸福更近。

Happiness

享受一个人的单打独斗

雨果曾经说过："孤独是一笔财富。"

那些伟大的古希腊哲学家，

我想他们都享受着属于自己的孤独财富，

正因为有了孤独才让他们变得更加坚韧和真诚。

如果你不想随波逐流，

流俗于茫茫人海中，

就应该保持你的个性跟自我，

享受属于你自己的孤独。

　　我想说这样一个故事：有一位做营销的老先生准备在他回家颐养天年的时候，把他毕生的经验做一次演讲告知世人。早些年，这位老先生在营销界也是享有盛誉，因此一听说他要举办这次盛况空前的演讲，很多人慕名而来，前来听演讲的人把演讲大厅围得水泄不通。但是，当台下的人们静静地等待聆听这位老者的演讲时，他却站在台上一言不发，正当人们疑惑不解时，老先生却邀请了两名台下的听众一起上台来和他做一个游戏。人们有些不解，不是来听演讲的吗，怎么变成做游戏了呢？

只见这位老先生拿起一把大铁锤，对着早已准备在台上的一个大铁球敲了一下，并告诉大家游戏的目的就是把铁球敲动起来。他让这两位年轻人按照他刚才的示范再做一遍，可是无论他们怎么做，那个大铁球就是一点动静都没有。最后，他们放弃了。台下的人也都好奇地看着，虽然还是有一些人想到台上去试一下，结果都是无功而返。正当人们纳闷的时候，只见老先生从自己的口袋里拿出了一把精致的小铁锤，对着铁球一丝不苟地敲打了起来。人们都有点摸不着头脑，刚才用那把大铁锤使劲敲都不管用，更何况这个小铁锤呢？这岂不是在白费力气吗？时间一分一秒地过去，台下大多数的人失去了耐心，好多人甚至开始退场了，面对场下的混乱场面，这位老先生却纹丝不动，在台上继续用他那个精致的小锤敲打着那个看似巨大无比的铁球。

将近一个小时过去了，台下的观众所剩无几了，突然坐在最前排的一位观众大叫起来："铁球动了！"还在场下等待的观众都兴奋地欢呼雀跃起来，这个时候，老先生才开口说话："怎么就剩这么少的人了呢？看来人们都不喜欢等待，其实在我们的人生之路上，如果你没有足够的耐心来等待，那么你永远都不会成功，你将会用一辈子的耐心去承受你自己造成的失败！"

老先生接着说道："法国思想家罗曼·罗兰曾经说过：'最可怕的敌人，就是没有坚强的信念。'成功的道路总是坎坷的，每个人都会在这条坎坷的路上经历太多的风雨，还有那享不尽的孤独、落寞。在我十几年的营销生涯中，只有我自己知道，营销之路必定是一条充满孤独的路。而现实生活中人们，都只会关注那些成功的人，殊不知他们光鲜亮丽的背后，有多少不为人知的苦难，谁又会去想他们曾经付出了多少的艰辛？"

"其实，我一开始并不是做营销的，我之前是在火车上做列车长的，家人及亲戚朋友们都羡慕我有一个好工作，可以想去哪就去哪，但是我却一点都不喜欢这个工作，后来不顾家人的反对，我辞掉了那个工作。没有工作那段时间，家里没有一个人打电话跟我说一些鼓励之类的话，让我真切地感受到了世间所有的孤独。有一年夏天，我独自一人出去旅行，每天形单影只，看着路边满眼闪烁的温暖的灯光，却没有一盏是为我而亮的。那样的日子，不是我说出来你们就能明白的，时常会有一种强烈的孤独感，让我透不过气来；有时候我会想，这么一片广阔的天地，怎么就没有我的容身之处呢，我想到自己面对茫茫的大千世界，是那样的微不足道。于是，我就痛下决心，一定要做一番成绩来证明我自己，这样我才能超越这种孤独落寞，超越这种平凡，至少让自己看起来不那么渺小。"

"万事开头难，每一个成功人的背后都会有一段令人刻骨铭心的辛酸的成长史。我自己也不例外，成功的路上总是会有太多的难处，这个时候我们一定要坚持自己的信念，如果你中途放弃了，你也许能过得很安逸，觉得平平淡淡没什么不好，这没有错，每个人都有权利选择自己的生活方式。但是，我却不甘心，因为我知道一旦回归到过去，就再也没有勇气在营销的这条路上走下去。所以，再苦再难我都要坚持，因为我相信自己一定可以做到。我也同样坚信我们台下在座的每一个人，你们都是发光的金子，只要坚定不移地坚持自己的信念，相信你自己一定可以，那么再大的困难都不会让你放弃。"

老先生慷慨激昂的演讲结束了，台下爆发出一阵阵热烈的掌声，而每个人也开始思索老先生的说法。

我们细想一下，生活何尝不是这样的呢？康德，他生前从来不被人们理解，后来却成为德国伟大的哲学家，尼采、牛顿、爱因斯坦哪一位没有经受过孤独的磨砺的？也许每一个先驱者都是孤独的，因为真理总是掌握在少数人手里，一个人如果想让自己的理想变成现实，势必要心甘情愿地享受孤独的旅程。

无论你做什么，都可能会经历一段困苦时期，如果你抱定信念，我一定要成功，那你就要学会享受孤独。

我想苏格拉底大家都知道，我现在讲一个关于他的小故事。苏格拉底没有结婚的时候，他和几个志趣相投的朋友合住在一起。那个房间很小，大概只有七八平方米，条件也很简陋，蟑螂随处可见。

苏格拉底的生活条件虽然很差，但他一天到晚总是神采飞扬，快乐得好像每天都有好事发生似地。他的朋友就问他："老兄，你怎么每天都有那么多开心的事，说出来跟我们分享一下吧。"也有跟他住在一起的人问他："我们每天都要挤在这个小破屋里，连转个身都要挤来挤去的，你有什么可高兴的啊？"

苏格拉底却说："你们不觉得我们大家在一起，可以随时随地交流我们彼此的心得体会、思想感情，这是再多的金钱也买不到的，你们难道不觉得这是一件很值得高兴的事吗？"

没过多久，住在一起的人该结婚的结婚了，该奔前程的奔前程了，小破屋子里只剩下了苏格拉底一个人，可是，他没有因为朋友们的离去而感到悲伤难过，他每天仍然活得很快乐。

周围的人都觉得他这个人的精神有问题，总是疯疯癫癫的一个人傻笑，苏格拉底并不在乎这些，整天依旧快乐地沉迷于书本之中。有人又问他："现在屋里就剩下你自己，你一个人孤孤单单的有什么可乐的呢？"

苏格拉底自豪地说："怎么能说我是一个人，你没看到我身边有那么多的书做伴吗？一本书其实就是你的一位老师，你可以从不同的老师那学到不同的东西，有这么多的老师和我做伴，我可以无时无刻跟他们请教问题，他们都不会厌烦，我又怎么能不高兴呢？"

这就是我们后世所熟知的伟大的哲学家苏格拉底，后来他因言获罪，被判了死刑。在监狱里，他的好多朋友都曾劝他赶紧逃走，甚至还帮他买通了狱卒，策划好越狱，但是苏格拉底却宁死不屈，他说："我就是死也不能背叛我的信仰。"就这样，这位七十多岁的智者带着他的信仰平静地离开了人世。

苏格拉底的一生对后世影响深远，他的哲学思想也成为古希腊哲学的重要组成部分，在西方哲学史中熠熠生辉。

我们应该说苏格拉底是成功的，因为他一直在坚守着他的信仰。他喜欢思考，多数的思考者都喜欢孤独，因为只有在这种情境下，人的思想和心境都处于一种最开阔、最自由的状态，不用想自己所想以外的任何事情，更不用顾及其他人的看法和言论。只有在孤独的状态下，你才能在你的精神世界里自由翱翔。

我想说，孤独并不代表空虚寂寞，无以聊赖，而是我们在最自然状态下的一种精神的表达，享受孤独带给你的真实体会，只有在这个时候你才能很认真的倾听到自己的心声。你需要在你迷茫的时候让自己静下来静静地思考，思考你需要的是一种什么样的幸福。

这是一个很简单的故事。曾经有一个叫海伦的女人，她从来没有离开过自己的家门，但在绘画方面却有着超乎常人的天赋，她既没有坎坷的求艺之路，也没有不分昼夜地下苦工，而是按照自己的想法去作画。她就像她母亲所说的那样："她是在画板上出生长大的。"

海伦执起画笔在画板上那么轻轻地一画，就已经注定了她会成为世人瞩目的绘画大师，年纪轻轻的她便拥有了令很多人艳羡的名望和荣耀，很多人慕名前来求画。

她总是喜欢在无人的夜晚里，开着昏暗的灯光，任凭自己的思绪在画板上勾勒出美妙的图画，哪怕是画好的画随风飘扬，都不能停止她忘情地挥毫。每次画好之后，她总是喜欢一个人孤独地站在窗口，呆呆地望着远处。她在寂寞的夜里显得那样的安静却又忧伤。我想这也许是她最真实的存在吧，对于她自己生存的世界，孤独也许才是她精神世界里的最真实的代号。

她的母亲想让她去看看外面的世界，她也曾经试图劝说自己到人群中看一看，但是当她真的走出家门的时候，满眼竟都是自己不熟悉的房屋建筑，人流攒动。她说："外面的世界对我来说是一个太大的屋子，有太多的风景，太绚烂的色彩，太多的灵感。如果让我离开这间屋子，那我宁可舍去自己的生命，因为我觉得我从来没有为任何人存在过。"

她的确是一个天才，却也只适合生活在天才的这个世界里，纵然我们想走近她，和她交流一下，也会发现永远都无法走进她的世界。

其实，在生活中，你也会发现，当我们非常专注一件事情的时候，我们就会沉浸在那个世界里，纵然外面有太多的诱惑，也无法打动我们。

享受孤独并不是我们每个人都能做到的，它需要一种勇敢的信念来支撑，如果你坚持到了最后，那你就是成功的，因为你是在自己缔造的幸福里徜徉。

幸福箴言 *Sayings on happiness*

有位哲人曾说"我们承受所有不幸，皆因我们无法独处"。一个人能否在独处时体会到内心深处所迸发的最为本真丰厚的快乐，直接决定了他人生境界的大与小，思想厚度的深与浅。孤独，既是我们每个人由生至死的固有存在形式，更是上苍赐予我们的一个自省的机会。成长的一个课题则是，学会享受孤独，从宁静中汲取力量。

再频繁的鸿雁传书，
都抵不过你突然出现在我的眼前，
大声地把爱说出来。

Happiness
勤于打扫，心灵之窗才会明亮

每个人都渴望拥有更多的快乐，
可是现实生活中我们往往觉得自己不快乐，
好多人总是喜欢怨天尤人，
觉得老天对自己不公平，
抱怨事业不顺利，
家人之间总是吵吵闹闹……
其实这些都不是你不快乐的主要原因，
因为真正决定你快乐的不是别人而是你自己。

　　我知道一个住在坦桑尼亚州的人，名字叫怀安特。现如今之所以他还好好地活着，是因为他知道这样一个秘密。十几年前，怀安特先生意外地得了肝炎，谁知他康复没多久，医生又告知他得了心脏病。随后他就到处求医问药，四处跑来跑去，到头来他的病仍然没有治好。

　　真是屋漏偏逢连夜雨，后来，他去医院复查的时候，医生又查出他由于心脏病而引起了另一种并发症，医生当时就给他下了死亡通告，告诉他最好回去准备他的后事。"我都不知道我当时是怀着一种什么样的心情回到家里的，当我确定我已经把我该付的保险都付过了，然后我就整天到教堂里去忏悔我以前犯过的错误。回到家里后，每天就一个人待在屋里难过得默默流泪。我痛恨我自己让家人都跟着我一起悲伤难过，我自己也时时刻刻都沉浸在颓废的情绪里。在经过一个星期的自怨自艾之后，我就再也不这样想了。有一天，我看到了镜子里的自己，我对自己说，'怀安特，你看看你现在的这个样子，简直是个十足的大傻瓜，你干吗不想也许你在几个月之后根本就不会死，为什么不在你所剩无几的日子里开开心心、快快乐乐的呢？'"

于是，怀安特就每天笑着对着镜子说："我每天都要快快乐乐的。"

怀安特说："我每天都尽力让自己对所有的人微笑，出门的时候我就挺起胸膛，想让自己尽量地表现的跟平时一样，对一切都一副若无其事的样子。我坦言一开始的时候确实有点困难，也很费力。但是我一直强迫自己要开心、要快乐，这样我的家人看到我这个样子，对他们不仅是一个极大的安慰，对我自己其实也有很大的帮助。接下来我就听我家人对我说，'你现在的状况真是好多了。'听到他们这样说，我也觉得自己的身体状况真的有所好转了，感觉好得跟我装出的一样好。我很庆幸这种好转情况越来越明显，而现在，我原本以为我早已躺在棺材好几个月的现在，我不仅活得很好，而且很健康、很快乐，现如今我的高血压也降下来了。现在想来有一个真理我是敢肯定的：如果我一直想到自己会怎么死，什么时候死的话，那医生的话还真是灵验了。可是我却要给我自己身体一个机会，给所有关心、爱我的人一个机会，我想没有更好的办法，就只有改变我的心态。"

我想问一个问题：如果说是让自己尽量不去想那些还没有发生的事，让自己总是开心快乐地面对他人和健康的心态救了怀安特的话，那么像你我这样的拥有健康体魄的人又有什么理由让自己为了一些鸡毛蒜皮的小事而不开心呢？如果你让自己开心就可以为别人带来开心快乐，那你又为什么让自己和自己身边的人为了那些不开心的事情而难过呢？

我认识一个住在阿拉斯加州的女士，但是我并不愿意想起她的名字，如果她知道这个秘密的话，我想她或许可以在一天之内，扫除心中所有的忧愁。

这位女士上了年纪，丈夫很早就去世了，生活对她来说确实很不如意，但她有没有尝试着让自己变得快乐一点呢？我看她是没有的。如果你去拜访她，问她生活过得怎么样，她总是说："唉，我还好。"然而她脸上愁苦的表情和她声音里那种痛苦的味道，分明是在抱怨："噢，上帝，你总是站着说话不腰疼，要是你的生活也跟我一样悲惨你就会明白了。"就算你和颜悦色地在她面前，她也会觉得你很讨厌。

其实，在我认识的妇女里面，不知道有多少人比她的处境还惨，她的丈夫在死后给她留下了足够她过完这一生的保险金，她的几个子女也早就成家立业，在节假日的时候他们会来看她。这样的生活，应该是很好很知足的了，可是我总是在她的脸上看不到高兴的笑容。她总是在别人面前一再地抱怨她的三个女婿有多么的自私，多么的不懂人情世故。

可实际的情况是，她有时候在她女儿们的家里一住就是好几个月，可还总是抱怨她们从来不给她买任何的礼物，她自己却总是把钱包看得紧紧的，像个守财奴一样。因为她不停地在为自己的将来打算，她怕万一把钱都给了她们，自己到死的时候就没有人管她了。

我想这种心态对她本人还有他们那一家子人来说，都是极其不幸的事，因为在任何人看来她都是最令人讨厌的那一个。想想那些事，像她那样做值得吗？我想这也是她最可怜的地方。

其实事情很简单，她要是能从一个悲惨、挑剔，而且看上去总是那么不高兴的老女人，变成一个时时被人们尊重、喜爱的可爱老人的时候，那又会是一种什么样的情景呢？其实只要她愿意改变自己，就什么都可以做到了。如果说她想要达到这种效果的话，她只要保持良好的心态就可以了，不要总是一味地抱怨自己的不幸和说别人的不好。

我们好多人总是觉得自己不快乐，天天抱怨别人。结果是，快乐离你越来越远。你整天活在抱怨里，怎么可能得到快乐呢？我想没有任何一个人喜欢听抱怨的话，抱怨不仅损害自己的快乐，也给他人带来不好的影响。命运或许并不如意，但我们何不用乐观的心态来面对呢？怨天尤人没有任何好处。

快乐其实并不难，只要你改变一下自己，改变一下自己的自私的心态，学会宽容一点，感恩一点，快乐很容易就会来到你身边的。

罗伯特是与我相识多年的好朋友。我以前在大学读书的时候，他是我的教务主任。有一天，我在堪萨斯城遇到了他，两个人一起吃了午饭，我当时准备去密苏里州贝尔城，也就是我的农庄那里。罗伯特顺便送我。在路上，我们闲聊起来。罗伯特是一个非常乐观的人，于是，我问他是如何得到快乐的。他就向我讲了一个我永远不会忘记的故事。

"其实，我以前并不是一个乐观的人，我常常为一些琐事而感到忧虑，"他说，"1934年的春天，一天早晨，我正走在韦伯镇西道提街，看到了一幕景象，它极大地震撼了我的心灵，使我从此走出忧虑的阴影。"

"整个事情从开始到结束仅仅10秒钟，可就是这短短的10秒钟，让我懂得了如何生活的道理。我觉得我在这10秒钟所学到的东西比我过去10年里学到的还要多。"罗伯特说。

"我曾经在韦伯城生活了两年，我在那里经营了一个杂货店。由于经营不善，我不仅赔光了所有的积蓄，而且还欠了一屁股债。这笔债，我花了七年才还清。那个时候，我的杂货店刚倒闭了，当时我走投无路，正打算去工矿银行借点钱，以便去堪萨斯城找一份工作。"

"我垂头丧气地在路上走着，心里充满了绝望，我完全丧失了信心和斗志，像一只斗败的狮子。这时，我看见一个失去双腿的中年男子迎面而来。他坐在一个小小的木板上，木板下面装着从溜冰鞋上拆下来的轮子。他两手各抓住一块木头，撑着地让自己滑过街道。"

"他很顺利地过了街道，正准备把自己抬高几英寸到人行道上来。就在他把小小的木头车子翘起的瞬间，我们两人的目光相遇了，他向我灿烂地一笑，很有礼貌地说道：'你早，先生，今天真是一个好天气，不是吗？'他看上去很开心。当时我呆呆地站在那里注视着他，我突然意识到自己是多么幸运，多么富有。"

"我身体健健康康的，我有两条腿，我能自由地走路。我开始对我的自怨自艾感到羞愧。一个残疾人，失去了双腿，都生活得如此快乐，我为什么就不能快乐一点呢？我觉得自己霎时鼓足了勇气，充满了信心。本来我打算向银行借100美金，现在我有勇气向银行借200美金。"

"我到了银行，我本来想说我打算到堪萨斯城去试试看能否找到一份工作的，但是现在我可以自信地说，我要到堪萨斯城去找一份工作。我从银行借到了200美金，我很快也在那里找了一份工作。现在，我的浴室镜子下面还贴着这几句话，好让我每天起来洗刷的时候都能看到：'人家骑马我骑驴，回头看看推车汉，比上不足，比下有余。'"

我还一个朋友叫艾迪·雷根伯克，他喜欢航海，一次轮船在太平洋遇险，他和同伴在救生筏上漂流了半个月之久。后来我问他，在这次遇险中他学到的最重要的东西是什么。

"我从那次遇险所学到的最重要一课是，"他说，"如果你有足够的新鲜水可以喝，有足够的食物可以吃，就再也不要再抱怨任何事情。"

不知足是我们不快乐的一个重要原因，因为我们喜欢攀比，跟比自己强的人攀比，结果我们自惭形秽，搞得自己很痛苦。一个不知足的人是永远得不到快乐的。知足才会常乐，其实我们每个人都很富有，只是我们拥有的让我们司空见惯，不懂得珍惜。

要懂得珍惜身边的快乐，不要等失去了才后悔。

幸福箴言 *Sayings on happiness*

在都市里疲于奔命的我们，每天在生计、名利的漩涡中挣扎得透不过气。面对着各色繁华，我们开始学会攀比，然后在失落中郁郁寡欢。稳定而快乐的生活，的确需要金钱作为物质保障，但并不意味着坐拥金山银山就可以快乐终生。其实，快乐一直都存在于微小的细节中，也许是明媚的天气下的一张张笑脸，也许是爱人投来的关切的眼神。只是我们的心一直被物欲蒙蔽而不得见，所以，及时给你的心灵"除除尘"让它看到真正的快乐。

Happiness
撇开繁杂，让生命轻装上阵

曾经因为一些事情而暴跳如雷，
等到这阵情绪过后却觉得自己办了一件傻事：
就这么一点小事就把自己激怒了？
成熟的人不会太在乎一些生活小事，
也不会因为生活小事就让自己的幸福生活大乱。

　　当一个家庭主妇因为没有买到物美价廉的商品而愤愤不平时，她在为小事计较；当漂亮的女人因为鞋尖被陌生人踩脏而郁闷一整天时，她在为小事计较；当公司同事因为花卉的摆放问题而争论不休时，她在为小事计较。生活中总是会有一些鸡毛蒜皮的小事，不成熟的女人面临这些事情时很容易把自己弄得焦头烂额。

　　一个人要生活，总是会与各种各样的日常琐事打交道，也会因为一些小事而烦恼。不过，在我的心中，生命可是一段长度有限的旅程，为什么要让美丽的生命一再被琐事干扰呢？

　　有一天，我去一个朋友乔治家里作客，当他在餐桌上分菜时做错了一些步骤，这些本来只是小事，可以毫不在意地忽略过去，大家都是朋友，出一点小错何必在意呢？可是朋友的太太却非常夸张地指责他："天哪，乔治，你怎么还是这样心不在焉！"我们几个朋友有的根本没有注意到乔治犯错，也被她吸引过来了。

不仅大声指责，乔治的妻子开始喋喋不休地说起了乔治平时的粗心大意："他每天都这样糊涂，上次……"我想我是出于礼貌才没有露出厌烦的表情，可是我真的觉得乔治的妻子给这次朋友聚餐蒙上了一层尴尬的色彩。

几天之后，我和桃乐丝也请了几位朋友来家中用餐。桃乐丝把餐桌布置得精致典雅，但是就在与朋友定的时间快到的时候，我们发现餐桌上有三条餐巾与桌布不搭配，我们发现这不协调的景象之后立刻到厨房翻找餐巾，可是却没有找到新的。怎么办呢？我当时着急得冒汗，甚至开始抱怨自己没有提前准备，但是桃乐丝很快镇静下来，她说："没关系，餐巾有缺陷，但是我们有美酒。"我说是啊，只是三条餐巾而已，要是因为这个让原本愉快的晚餐变得烦恼那就太浪费了。于是，我们迎进客人，大家愉快地享受着晚餐，桃乐丝的态度也十分完美，大家都很开心，没有人注意到餐巾中有三条和桌布款式不同。

如果我的妻子桃乐丝像我那位朋友的太太一样，她可能已经叉着腰指责说："你怎么不早点发现并提早去准备一套？天哪，她们一定会认为我是个粗心的女人！我的审美趣味都会被人嘲笑的！"

我很幸运，遇到一个理智而乐观的妻子，同样在生活琐事上发生的麻烦，她没有急躁，而是选择不在意。与其因为小事把心情弄糟，不如就让那些小事随风而逝，当它从来没有出现过，生活不就会很美好吗？

女士们，我提起这两件事，就是想告诉你们，不要为生活小事烦恼。同样是餐桌小插曲，乔治的太太过分在意使得大家都不太愉快，而桃乐丝没有特别关注，我们就享受了一个愉快的夜晚。所以说，不要太纠结于生活琐事，否则当生命走到大半的时候，我们会惊愕地发现，自己的美丽年华里居然有那么多的时间因为琐事而烦恼。

心理学家发现，经常会给人带来烦恼的心理困扰往往不是什么重大的生活事件，而是那些琐事。一些在别人眼里可以忽略的东西却常常成为我们心中不快的根源。

曾经有人列出两份表格，一份的内容是生活中的重大事故：亲密的家人突然离世、家人重病、事业毁灭、离婚、失业、破产、遭遇重大灾害。一份的内容是生活小烦恼：被人嘲笑、离家去寄宿学校、要学习的东西（或是要完成的工作）难度变大、想家和思念恋人、钱包丢失等。那么这些事物中经常影响我们心情的是哪些呢？其实是后者，越是平常的小事越容易引起我们的心潮波澜。这就好比是一棵参天大树被雷电击中也许不会歪倒，却会因为一群甲虫的侵袭而被蛀空腐朽，最后慢慢地倒下。

很多女性都十分敏感，喜欢把痛苦的事情放大，明明只是一件琐事却偏偏把它强调成一场灾难，最后受影响的人还是自己。我认为，这些生活琐事本身并不是罪魁祸首，造成烦恼的根源其实是自己那颗过于焦虑的心。烦恼不是一种客观存在，而是人们面对事物采取的态度。就像生活，柴米油盐是它的重要组成部分，却不是全部，当人们为了柴米油盐而争执的时候，损失的是整个生活的乐趣。

我的一位女学员是一所大学的教员，她知识丰富，气质高雅，是一个很知性的女人。但是她却告诉我她不快乐，总是觉得自己与周围格格不入。这位学员我称之为曼特林女士，她曾经向我寻求指导，说起她现在的处境，每一句话都充满了抱怨。她说:

上次教育部门到学校参观，学院院长安排我组织人做出学校的图书馆的概括解说。后来我因为手头要负责其他的事情就申请把这件工作转交给其他人，也向院长说明了此事。但是那位工作人员没有按时完成任务，做出的材料也出现了一些错误，院长很恼火，认为这件事让学校图书馆蒙羞了，把我们狠狠批评了一顿，"没有头脑"、"一群白痴"之类的话语都说了出来，我感到很委屈：明明已经不归我负责了，为什么算在我头上。

除了工作上的事情，生活中她也总是很烦，她和一位女士合租在纽约的市中心，每天都因为卫生问题而苦恼。合租人偏偏是个不拘小节的人，放在洗手间里的牙刷等物品总是摆放得乱七八糟。曼特林女士向她提出了很多次抗议都被一笑置之。

最令曼特林女士感到苦恼的是她无法适应纽约的生活，她是南部来的小镇人，对于纽约的快餐文化不敢恭维。她甚至告诉我说：

"自从从家里出来之后，我就再也没有吃过美味的东西了。"

我为她总结说："曼特林小姐，我发现你现在烦恼的都是一些小事。其实你仔细想一想，这些事情原本不会对你的生活造成多大影响，只是因为你太在意了，所以才会变得这么忧虑，不如放宽心思就当它们从来没有存在过。"

后来曼特林再次遇到我时，告诉我她已经把工作上的不快放下了，"我发现，记住那件事的人好像只有我，就连比我挨骂挨得惨的那一位老师也没有在意过这次挫折。"而生活上的问题她正在慢慢克服，她和男朋友商量住在一起，男朋友负责打扫卫生，而她烹制晚餐。

看到了吗，女士们，现在困扰你们的事情可能没有什么大不了的，不去管它，它就会自然消散。

一个人的能力是有限的，不可能事事都做得完美——何况完美也没有一定的标准。与其被小事烦恼，不如随遇而安。要想不被生活小事伤害，就要记得一定要把生活小事尽量简单化，而不是自行延伸成为大事。

马克里先生和太太是一对寻常的夫妻，他们生活在纽约一栋公寓里。有一天，马克里买了一份报纸回家，在沙发上看完之后就随手放在了桌子上。太太正在打扫卫生，就对他说："我和你说过多少次了，不要把东西乱放，快把它收起来！"

等马克里太太打扫完其他房间回来发现，那张报纸还在原处不动，马克里却在逗狗玩。她的火气一下子冒了上来，"我让你把报纸拿走，怎么还不动，我辛辛苦苦把房间收拾干净，你一回家就搞破坏！"

马克里受到责骂很不高兴："不就是一张报纸吗？值得你大呼小叫吗？"

马克里夫人更加愤怒："你和你父亲一样，是个懒惰邋遢的人！没有教养果然会遗传。"

马克里因为太太的责骂而大声反驳："你可以批评我，但是不可以侮辱我的父亲！你蛮不讲理，这也是你的家庭教养的问题！"

于是，一件报纸这么小的事情就被扩大成了夫妻争吵，最后演变成为感情破裂。

我想，没有人希望自己的生活被麻烦包围。麻烦就像马蜂一样讨厌，所以，我给各位女士一个建议，不要自己去招惹那些生活琐事，就像不要招惹马蜂一样。

蒙特利夫人有一个可爱的儿子在上寄宿学校，她每天都为儿子在学校里的处境担忧，人坐在家里，心里却不停地盘算着：我亲爱的汤姆今天有没有好好吃饭，他会被同学欺负吗，他会被坏孩子影响吗，他因为功课差而被老师同学耻笑吗……每天她都要思虑这么多事情，搞得自己精神接近混乱。

我对她说："你的儿子现在还小，他会好好度过小学的时光。在你担心这些事情的时候，他可能正在球场上欢快地奔跑呢！"

很多时候，女性都会为了一些无关痛痒的小事而烦恼忧虑，一方面是她们夸大了事件的影响程度，一方面是她们过于敏感的神经阻碍了自身对事件进行准确判断与处理的能力。

其实。当你莫名其妙地担忧、愤怒、烦恼的时候，那些琐事在其他人眼中只是个气泡，不值一提。为了让自己的生活更加有质量，女士们，让生活中的小烦恼都随风而去吧。

幸福箴言

Sayings on happiness

女人是感性的生物，细腻而敏锐的思维虽然能让她们感受到更多的快乐，但同时也容易让她们陷入到感性的泥淖中，为了一些无关痛痒的小事劳心伤神。这些所谓的小事一再堆积，渐渐成了她们生命中的"不能承受之轻"。她们为了这些所谓的鸡毛蒜皮紧张，焦虑，惶惶不可终日。其实，既然敏感的情思是上帝独赐给女人的礼物，那么就无需将它浪费在毫无意义的事情上。让生命轻装上阵，也让自己笑得自信坦然。

赠人玫瑰，
手有余香，
赠人一句赞美，
对方获得心灵上的愉悦，
你也同样唇齿留香，

Happiness
施比受更有福

感恩是那些有教养的人才有的美德，
不要去指望从每个人身上找到。
如果你苛求别人感恩，
那是因为你真的太不了解人性了。

如果你想要追求真正的快乐，那你在帮助别人时就必须放下要别人感恩的念头，而只去享受付出的快乐，要知道，忘记感谢是人类的本性，如果我们一直在期待着别人的感恩，那多半是自寻烦恼。

前一段时间，我去拜访了罗琳太太，她现在是一个陷于孤独和忧患中的老年妇人了，在几年前，她因为一场车祸失去了右腿，从此以后就只能待在家里，哪儿也去不了，罗琳太太从此变得非常悲观。直到现在，她也没能从悲伤之中走出来，一天到晚抱怨自己的不幸，抱怨朋友们嫌弃她成了残废，都不来看她，她连个说话的人都找不着。

于是，在接下来的几个小时里，我坚持忍受着，听她再讲一次那个我已经听过很多遍的故事：她曾经怎样热心对待朋友，在某某经济困难时曾经伸出援手，在某某家人生病时，推荐了医院和医生，她曾经给过谁谁多少衣物；还曾经帮助谁谁的弟弟治病上学……说实话，我真的很佩服她，都已经是那么遥远的事情了，她居然还记得这般清晰。她说完曾经施给别人的恩惠之后，又说某某……她伤感地说："她们太令我失望了，她们似乎并不感谢我曾经给她们的恩情。你知道吗？从我出了车祸之后，她们几个朋友就仅仅来看过我一次，虽然我知道她们离得太远，工作也很忙，但是她们对我的淡漠，只能是让我觉得她们现在不需要我了，所以也就不在乎我了。而且，她们来看我的时候也就是匆匆地看了一眼，坐了几分钟就走了，她们都没能像你一样，坐下来陪我说会儿话。我曾经那么掏心掏肺地对她们，她们现在却这样对我，好像根本就不认为我曾经对她们有过一丝恩情……"

听着她这番沉痛的诉说，我其实心里在计算：罗琳已经至少三次给我讲过她的事儿了，我觉得我应该做点什么，来改变她的心态，否则的话，不仅仅是她昔日的那些好朋友们会被她烦的不敢上门，我也快要打退堂鼓了。于是，我打断了她的话头："每次来都听你在说，今天，我也给你讲个故事吧！几天前，我在街上遇到了原来的一个同学，他现在已经是一家公司的老板了，但是他看上去整个人都没有精神，于是我就问他发生了什么事。他告诉我，在去年年尾的时候，他从公司的利润中拿出了一部分，给每个员工发了500美元的奖金，可是居然没有任何一个人对他表示感谢，好像一切都是理所当然的一样。于是他很郁闷，很后悔，还说早知道就不应该给那些人发奖金。"

听完我讲的故事，罗琳非常诧异，"天呀，是去年年尾的事吗？到现在都一年了，就为了那么点钱，他生了一年的闷气，值得吗？这对身体也不好啊。再说了，他怎么不问问人家为什么不感谢他呢？或许是因为员工将这笔奖金看成了他们应得的一部分呢？他应该去问清楚嘛，要是我的话，我肯定不会这么傻啊。"

听了罗琳的话，我接口说道："你说得太对了，其实你也可以试着把那些曾经得到过你帮助的朋友看成他的员工一般，试着从她们的角度去想一想，或许你也会看开一点了！"

这次以后，我再去看望罗琳的时候，她已经有了不小的变化，已经不再提起那些陈年旧事，而且话里话外的，她也不再认为那些朋友的做法有多么不合理，毕竟不在同一个城市里，何况每到节假日的时候，她们总会给她快递礼物的，这已经是很好了。

罗琳之所以变得快乐，那是因为她不再苛求别人感恩。

事实上，大家可能都和罗琳太太一样，希望别人能够对你的付出给予相应的回馈，希望别人能够对你感恩戴德。可是，很遗憾，女士们，我必须严肃地告诉你们，忘记恩情实际上是人类的天性。如果你一味地苛求别人的感恩，那么你就犯了一个常识性的错误。

对于一个人来说，什么样的恩情能够比拯救他的性命更重呢。我的一位律师朋友莱斯说，她曾经不遗余力地帮助过80个罪犯，使他们能够免于遭受死刑的惩罚，他们逃脱了那张可怕的电椅。但是，这80个人中，居然没有一个人对他表示过感谢，甚至在节日的时候都没有寄一张卡片。莱斯感到非常沮丧，因为她觉得自己的拯救实在是没有意义可言，几乎想要放弃，但是我的夫人鼓励她："你应该知道，耶稣曾经在一个下午让十个瘫痪的人重新站立起来。但是到最后只有一个人回来对他表示感谢，而其他的那九个人已经全部都跑得无影无踪了。"

我对夫人的劝解印象非常深刻。毕竟，连圣人都很难得到别人的感恩，那作为凡人的我们，得不到别人的感谢又算得了什么呢？

女士们，你们一定想知道应该如何帮助自己，如何让自己变得快乐起来。我有一个建议，就是把一切都看得自然一些，不要奢望用自己一个人的力量去改变现实。有的人对我的这种说法嗤之以鼻，但是我坚持认为，这是让人获得快乐的一种最有效的方法。这种办法并不是凭空捏造的，而是来源于我父亲和母亲的生活实际。

我的父母非常乐于助人，虽然我们很穷，但是每年，父母都要从我们那微薄的收入中挤出一些来救济一家孤儿院。有不少人认为我父母这么做是为了赢得一个好的名声，但是事实上，他们两个从来都没有去过那家孤儿院。除了偶尔会收到一两封感谢信之外，这么长时间以来，从来没有人正式地向他们道过谢。我小时候，认为这样非常不公平，认为那些人辜负了我父母的期望，但是父母却教育我施恩莫望报。他们俩从来没有奢求过什么，所以也就没有得不到感谢的失落，只是单纯地享受着帮助别人的快乐。

后来，我长大一些，离开了家里，开始在外面工作，我每年都会在圣诞节前后给父母寄去支票，虽然钱并不是很多，但是我希望那些钱可以让父母买一些他们喜欢的东西。后来我却发现，父母把这些钱都换成了日用品，送给了那家孤儿院。当我问起这件事的时候，父亲微笑着说："付出却不要求回报，这就是我和你母亲认为的最大的快乐。"

随着年龄的增长，我越来我感觉到父亲拥有一个伟大而智慧的灵魂，因为他清清楚楚地知道：要想使自己得到真正的快乐，那么就永远不要有想让别人感恩的念头，因为享受付出才是最快乐的。

我几年前读到了阿根廷著名高尔夫球手罗伯特·德·温森多的一个故事。从这个故事中，我再一次感受到了如同父亲的人格一般高尚的存在。

温森多有一次赢得了一场锦标赛，领到了一张支票，当他准备开车回俱乐部时，有一个年轻的女子向他走来。她自称是温森多的一个朋友的朋友，是特地来向他表示祝贺的，说着说着，她又说自己可怜的孩子病得很重，也许很快就会死掉，但是自己却支付不起昂贵的医疗费用。

听了这个故事，温森多被深深地打动了。他二话没说，掏出笔在刚赢得的支票上飞快地签了名字，然后塞给了那个女子，让她拿给孩子治病。

一年之后，温森多正在一家乡村俱乐部里享用午餐，突然一位职业高尔夫联合会的官员找到他，问他在一年前是不是遇到一位自称孩子病得很重的年轻女子。温森多给予了肯定的回答。这个官员十分沉痛地告诉他，"这个女人是个骗子，根本就没有什么病重的孩子，她只是想要开一家餐厅，但是没有资金，听说你为人和善，喜欢帮助人，就设了个局骗了你。"

听完这个故事之后，温森多非常震惊，但是对于官员提出的他应当是餐厅股东，让他拿回应有的回报的这一提议，他表示了不赞同。他说："这些钱能对她有这么大的帮助，让我很高兴，我当初既然把钱给出去了，就没有想过要得到回报。"

我们在生活中的慷慨行为不一定总是能够得到真诚的感恩，但如果是一个真正仁慈的人，就会以付出为快乐，施恩从来都不图报答，这样，他们就为自己找到了一片心灵的乐土。

在现实的生活中，很多女士的烦恼都来自于她们的孩子。因为对一个母亲而言，如果子女不知道感恩，那真是一件棘手的事情。如果我这个时候还说忘记感恩是人类的本性，可能就会显得非常不近人情，但是女士们，我必须要告诉你们，感恩的心就好像是温室里的花，要精心地培育才能够成长起来。因此，作为母亲，要努力地培养孩子的感恩之心，让他们学会感恩，这样，我们的未来才有希望。

其实，我还想说的是，当你要求子女感恩的时候，你首先要做的还是让自己拥有一颗感恩的心。因为感恩的传承是在潜移默化的过程中形成的，所以父亲母亲们，请你们用自己的行为给孩子树立榜样。

有很多的女人在孩子面前不注意自己的言行，经常诋毁别人的善意行为。

有一位妇女，在丈夫死了之后，她就带着孩子嫁给了一个工人，这个工人非常的老实本分，辛辛苦苦地用自己挣来的微薄的工资帮助寡妇的孩子上学念书。为此，他四处借债，却也没有一句怨言。但是寡妇并不清楚这个后来的丈夫为自己做出了怎样的牺牲，她还认为，这一切都是理所当然的，而且她还经常在孩子们面前说："这一切都是他应该做的，因为那是他的义务。"

后来，当这个寡妇老了的时候，他的工人丈夫先一步去世了，而她的三个儿子全部都拒绝赡养她。当她哭闹着指责那些孩子不知道感恩的时候，孩子们却给出了这样的回答："我们为什么要感恩？我们都知道你确实是很辛苦地抚养我们，但难道那不是你应该做的吗？"

这个寡妇就犯下了严重的错误，她自己都不知道感恩，并且当着孩子们的面对别人的付出表现得非常冷漠，这样的潜移默化，就使得孩子们也不知道什么叫作感恩。要想孩子拥有良好的品质与操守，父母首先要谨言慎行，用言传身教影响从而引导孩子，否则，自己种出的苦果也只能自己尝。

我想，这个寡妇可能算是世界上最不快乐的一类人了吧，她在自己不感恩的前提下，却要求别人感恩，根本就没有传承下来的美德怎么会突然在孩子这里出现呢？而这些，都是教育的失败之处。虽然听起来有些严厉，但是女士们，你们都要记住这个故事，所以要从小就教育自己的孩子知道感恩，否则的话，太多的冷漠真的会让我们的世界温情不再。

幸福箴言　*Sayings on happiness*

赠人玫瑰，手有余香。心存感恩，幸福常驻。向身处困境的人施以援手，得救的人可以挣脱困厄，自己也能体会到助人的快乐。至于所谓回报则不必苛求，因为快乐的源泉来自于真心，那是一份不问收获，但行好事的善意与执着，一旦过度期望他人的回馈，失望与怨恨的种子也会在心中生根发芽，种下善因，却因执念而得恶果，岂不是与之前的初衷背道而驰？

Happiness
绷紧的神经需要"松一松"

会适当放松的人是真正懂得生活的人，
因为他知道，
什么时候需要紧握，
什么时候需要放松，
什么时候能够张开自己飞翔的翅膀，
什么时候可以找一个温暖的巢穴栖息。

　　女士们，你们感觉到疲劳吗？事实上，在现代社会里，人们对于这个问题的回答，大部分都是肯定的，其中还有很多人会抱怨说她们太累了，每天都生活在疲劳之中。

　　我曾经接待过一个名叫露易斯的女士，她说："卡耐基先生，我真的不知道生活对于我来说到底意味着什么？我每天都处在疲劳之中。白天，我要去上班，忍受着老板的责骂和那些烦人的文件的折磨；晚上下班回家，我还需要整理家务，照顾丈夫和孩子。我太累了，我在生活中完全体会不到一丝的快乐。"

　　我对于露易斯的情况并不是很了解，于是就问她："你为什么会感到疲劳？你每天晚上休息得好吗？"

很显然，露易斯对于我提出的这个问题感到很茫然，显然有些不高兴，"您不是在开玩笑吧，您难道认为那短短几个小时的休息可以弥补我这一整天的疲惫吗？"

听了她的回答，我感到很遗憾，因为直到现在为止，她还是没能对疲劳这个概念有一个正确的认识，导致她出现疲劳的原因就在于她自身吧。

事实上，人体产生疲劳的原因包括四个方面，分别是生理上的消耗、肌肉的紧张、忧虑的心情、烦闷的情绪。这些状况的出现都有可能导致人体疲劳。我一点儿都不否定，人的身体真的会产生疲劳，但不是每个人都会遇到这样的情况，大多数人是像露易斯女士一样，将疲倦的状态当成了疲劳。这中间就有一个问题：为什么用脑量并不大的女士们很容易产生疲倦，这是一个需要注意的问题。

其实，关于这一问题，我曾经请教过著名的精神病理学家唐纳德教授，他说："不管你承认不承认，那些健康状况良好的脑力工作者其实从病理学上来说是根本不会疲倦的。如果他们真的感到疲倦，那就一定是由于自身的心理因素导致，或者也可以说是情绪因素。"

我非常赞同这一观点，在疲劳人群当中，真正的身体疲劳是很少的，大部分的都是精神方面的，就像后来露易斯女士所承认的一样："您说得很对，我每天确实都很疲劳，而这些疲劳实际上是来源于我的忧虑和烦躁。我对我的工作不满意，我对我的家庭不满意，所以我很不开心、烦躁、忧虑，基本上每天我都是头疼回家的。"在实际中，像露易斯一样的女人或许还有很多，她们最需要的就是放松自己。事实上，很多疲倦都是由于紧张引起的，所以真正地放松自己，才能够有效地解决疲倦这一问题。

放松自己，要先从外部开始，也就是要先学会放松身体。很多时候，我们的身体是很僵硬的，于是第一步就是要放松肌肉。

我们先从眼睛开始来做一个实验。女士们，请把你们放松的身体目标锁定在眼部，不过在这之前，你还要紧张一会儿，因为你需要看完这段文字，然后你要把自己的身体靠在椅子上，慢慢地、轻松地闭上你的眼睛，然后心里对自己说："放松，放松，不要皱眉头，放松，放松，接着放松……"这样的放松最起码要持续一分钟左右，然后将这种放松运动由眼睛扩展到全身。每当你疲倦的时候，你应该试试这样的方法。

著名的小说家薇姬·鲍姆曾经讲过这样一个故事：

那件事发生在薇姬小的时候，有一次，调皮的薇姬独自一个人跑到野外去玩，不小心摔倒在路上，磕伤了膝盖。这个时候，正好有个老人走过来，把她扶了起来，老人一边帮她掸去身上的土，一边和她聊天："小姑娘，在我年轻的时候，曾经是马戏团里的小丑。你知道，小丑是需要做很多滑稽的动作来引别人发笑的，而且很多动作是非常危险的。但是，我却从来没有把自己弄伤过，因为我懂得如何放松自己。小姑娘，你之所以会受伤，就是因为你不懂得如何放松啊。要想真正地放松，你应该把自己想象成一个很旧很旧的手帕。"接着，老人教会了薇姬如何放松自己的方法，还再一次叮嘱她："记住，把你自己想象成一张很旧很旧的手帕，那样你就会真正地放松自己了。"

其实，学会放松并不是一件困难的事情，尽管你可能会花上很长很长的时间来适应目前的状态，但是这种努力是值得的，如果你真的学会了放松，赶走了疲劳的话，你的一生都可能随之改变。

幸福箴言　*Sayings on happiness*

人生在世，每个人最渴盼的也许不过是"幸福"二字。幸福是一种内心与外物经磨合后而达成的稳定和谐的状态，想要达成这种状态，我们每个人首先要做的就是让自己劳累的神经得到片刻的舒缓，让疲惫的心灵重归宁静的本源，一个过于紧张，患得患失的女人即便拥有精致的容貌，挥霍不尽的财富，在外人看来也是眼神空洞，落落寡欢，不会体会到真正幸福的感觉。

过惯了一帆风顺的生活，
怎有勇气迎接风吹雨打，
更不可能站在困难的木桩上引吭高歌。

Happiness
贪婪这朵罂粟花

贪婪是世界上最可怕的慢性毒药，
它会在你不知不觉的情况下一点点地侵蚀你的心灵，
如果让贪婪进驻心中，
那么你将永远和快乐无缘。

　　我的话没有任何恐吓的意思，这些都是真实的，贪婪是一种永不满足的欲望，它会吞噬掉你的快乐，吞噬掉你的一切。

　　有三位年轻人结伴走在一个小镇上，他们看到一支送葬的队伍。经过打听，他们才知道，死者原来是他们的两位朋友：一个叫"友谊"，一个叫"快乐"，他们的这两个好朋友是被一个外号叫"死亡"的人谋杀的。三个人经过商议，决定去找这个叫作"死亡"的家伙，为他们的朋友报仇。

　　他们走在半路上的时候，遇到了几个神色慌张的人，其中一个老太太说，"死亡"正在追赶他们，让大家赶快逃走，否则的话便会被杀害，还没有人能在遇上"死亡"之后活命的。他们三个告诉老太太说，他们正是要来杀"死亡"的，并且最终问出了"死亡"

出现的地点：在小村子后面那座山的山顶上有一棵老橡树，"死亡"就在那儿。

这三个人兴冲冲地赶往山顶，拿出了随身携带的尖刀，准备随时杀死"死亡"。出乎意料的是，当他们精神高度紧张地来到那棵老橡树下时，却没有看到想象中面目狰狞的"死亡"，只发现了一箱金币。这三个人马上扔下手中的刀子，兴高采烈地数起金币来，早就将寻找"死亡"的事忘得一干二净。这个时候，三个人中一直领头的那个年轻人说："我们必须守住这些金币，否则会被认为是小偷而被投进监狱。这样吧，我们来抽签，谁的签最短，谁就去镇上买吃的，另外两个人就留下来守住这箱金币，等到明天，我们就把金币分了，然后各奔东西。"最后，三个人中最年轻的那个小伙子抽到了最短的签，于是他拿着几块金币到小镇上去买食物了。

留下来看守金币的两个人各怀鬼胎，都想获得最多金币，最后他俩想出一个计划：等他们的朋友带着吃的回来以后，就将他杀掉，然后就可以将本该分成三份的金币分成两份。而那个去买食物的年轻人则在回来的路上想：如果我在这些食物里放进毒药，毒死他们两个，那么，那些金币就可以归我一人所有了。于是，他先吃得饱饱的，然后在买来的食物和水里放进了无色无味的烈性毒药，才开始往回走。然而，他刚刚走到老橡树下，就被两个朋友跳起来杀害了。而那两个朋友，则是心满意足地吃着食物，最后也中毒身亡了。

他们三个人怎么都没有想到，自己也会像"友谊"、"快乐"那样，被"死亡"杀害。而更想不到的是：杀害他们这些人的"死亡"，其实就是蕴藏在金币背后的贪婪。因为有了贪婪，什么友谊、快乐、生命，通通都会走向死亡。

这个故事意思很明确，也很简单。女士们，不要认为这只是一个寓言，在现实生活中发生的故事，已经一次又一次地验证了这个故事的真理性，所以，如果你认同贪婪，将它奉为心目中最伟大的存在，紧紧地跟随着贪婪，那么，最终的结果只能是走向毁灭。

曾经有一位声名卓著的贵妇人从纽约一家旅馆的顶楼跳楼自杀，警察后来从她的房间里发现了一封遗书，现在大家来看看这封遗书的内容：

我真的没有勇气再活下去了，因为我的生命体会不到一丝的快乐，为什么？为什么上帝创造出我这样一个美人却不让我得到应得的东西？我嫁给了一个商人，可他根本不能满足我的要求。难道他不明白，一个漂亮女人的身上必须要有无数的珠宝来陪衬吗，我渴望那些珠宝，可他不给我。每当我经过商店的时候，眼睛总是会被漂亮的裘皮大衣吸引住。虽然我已经有很多件了，但我还是想要再买几件，女人难道不都这样吗？可那个吝啬鬼居然说我太贪婪！

这个世界上没人理解我，没人知道一个漂亮女人的心思是什么样的。我有太多的愿望无法实现，因此我觉得生命对我来说简直就是一种折磨。现在，我没有别的选择，只有结束我的生命。也许，我能在天国过上我理想中的生活。

我想，她的这封遗书或许应该改改用词，改成"这个世界上没人理解我，没人知道一个贪婪女人的心思是什么样的"。是的，这个女人就是太贪婪了。虽然她的死可能和虚荣、攀比等等联系在一起，但是最根本的还是在于她的贪婪。因为贪婪，所以她过得不快乐；因为不快乐，所以她才选择自杀。

我不是特别清楚女士们怎样看待贪婪，但是我个人，总是对贪婪的女人保持着一种同情的心态。她们的欲望太过于强烈，永远都没有满足的时候。于是她们会寻找各种各样的理由，不惜采取任何手段来满足自己的要求。虽然，她们偶尔会感觉疲倦，但是只要缓一缓，她们仍然会继续在这条道路上往前走，因为贪婪在身后督促着她们。

有的人认为，我从来就没有追求过奢侈的生活，所以说我并没有贪婪心。但事实上，这种理解是不恰当的，贪婪不仅仅停留在对物质的渴望上，它的实质内容是对于欲望的追求。

我认识一位名叫洛拉的女士，她曾经到我的工作室寻求过帮助。她告诉我，她觉得现在的生活真是太不尽人意了，没有一丁点儿的快乐。我便问她，到底是什么事情让她觉得不顺心。她想了半天，整理了一下思路，然后说："我的丈夫虽然在一家不错的公司工作，但是他却没有一点上进心。我虽然不渴望过什么奢侈的生活，但是也希望自己的丈夫能够出人头地。还有，我的孩子也很不争气，他每次的考试成绩都让我觉得很糟糕。"

我继续问她："你丈夫现在是什么职务啊？"洛拉回答说："是一个部门主管。"我有些奇怪，"这已经很不错了，你有什么不满足的吗？"洛拉一听这话，就着急地嚷嚷起来，"这难道就够了吗？凭能力，他完全可以胜任经理这个职位，但是他就是不努力去争取。"听完这话，我便没有再继续下去的耐心了，于是就想一想，对她说："洛拉女士，我已经知道你为什么不快乐了，因为你有一颗贪婪的心。"很显然，洛拉完全不能接受我的论调，她直接就跳了起来·"卡耐基先生，请您不要随便就下判断好吗？我和丈夫已经结婚10年了，可是我们如今还是住在那栋很旧的房子里面，我们的家具也是旧的，而且没有一件值钱的东西。怎么说呢，我们现在每天过着的就是粗茶淡饭的日子，您怎么能说我贪婪呢？"

我冷静地看着她，回答说："洛拉女士，虽然你没有追求物质上的享受，但是你对名誉、地位、虚荣的渴望，这确实也是一种贪婪。"

事实上，像洛拉女士这样，认不清楚贪婪的人还有很多，通过这个小故事，女士们，相信你们对于贪婪已经有了足够正确的认识。凡是对某种事物有着永远不满足的欲望，那就是贪婪了。贪婪对于女人来说，实在是一大敌人，它会夺去女士们的自由，使她们变成被强烈的欲望驱使着的奴隶。

而关于人类的欲望，肯塔基州的人类行为专家约瑟夫·罗伯特博士曾经这样写道：人是世界上欲望最多的生物。对于其他生物来讲，它们只有食欲、求生欲和繁衍后代的欲望。但是，人类的欲望要比这复杂得多。人类对于金钱、美色、权力、地位、名誉等等这些东西都有着很强的追求心理。在这些欲望的驱使之下，人类便会做出很多邪恶的行为。

欲望虽然强大，但是人还是可以战胜它的。有的人能够驾驭欲望，成为欲望的主人，这种人就可以成为一个成功的人、一个快乐的人。相反，如果一个人沦为欲望的奴隶，将自己的灵魂都卖给了欲望，那么他将会成为一个十足的恶魔。但在事实上，她又不具备恶魔的破坏能力，所以最终的结果，只能走向自我毁灭。

我想，大部分的女士们都是希望能够赶走贪婪，驾驭欲望，做一个快乐的人的，那么有什么好的办法吗？或许沙漠旅行者的故事会告诉你正确的答案。

全美心理学协会的主席西路克·瓦格勒博士讲过这样一个故事：从前，有一群人相约一起到沙漠里淘金。他们走了很长时间，走了很远的路，终于在大家都极度疲惫的时候，他们发现了一处金矿。于是，每个人都开始变得兴奋起来，他们将所有的衣兜、袋子里都装上了满满的金子。结果，在返回的过程中，所有人都累得气喘吁吁，被金子压得走不动了，只有一个人依旧走得轻松自在。同伴们很惊奇，问他原因。他用手指了指他们身上背着的大袋小袋，又摸了摸自己口袋里少量的金子，回答说："快乐其实很简单，只要少拥有一点就可以了。"

没错，就是这句话，答案就在这里，要想快乐，就必须少拥有一点。我知道，这其实是一件很痛苦的事情，但是女士们，你们一定要让自己习惯。与其因为贪婪而变得痛苦不堪，少拥有一些反而会让女人的生活更加轻松自在。我希望你们能牢牢地记住这句话，不要让贪婪蛀蚀了你的快乐。

幸福箴言 *Sayings on happiness*

消费主义大行其道的今天，各种缤纷新奇的商品都在刺激着我们的感官与购买欲，而欲求多了，人就开始变得贪婪继而丑陋。我们在追逐名利与财富的道路上你追我赶，却和真正的幸福渐行渐远。这个时候，便要学会"节制"，所谓节制，不是消极懒惰，一味放弃值得追求的事物，而是在张弛有度，进退相宜的前提下达到自己的目的，做到去除杂念，不急，不争，不贪，正所谓无心插柳柳成荫，携一颗澄澈清明的心过活，也许才能得到想要的结果。

Part 06

除了爱情，还有一班『阳光姐妹淘』

友情是一盏灯，照亮茫茫前路的同时也将光芒照进每个人的心中，三五好友，亲密小聚，外面再纷扰，还有这帮亲爱的『姐妹淘』。

Happiness
还有一种情感叫友谊

朋友之间交往最重要的是什么？
就是要有一颗真诚的心。
彼此之间以诚相待，
我们的生活才能越来越美好，
人与人之间才能更好地沟通。

　　在英国的一个小镇上有一个家境穷苦的农民名叫弗莱明。有一天，他在傍晚回家的时候，听见田间有人在喊叫，他循声跑过去，发现有个孩子正在水沟中挣扎，弗莱明赶紧将孩子救了起来。第二天，弗莱明准备出门去地里干农活，发现自家门口停着一辆豪华的马车，从车上走下一位风度翩翩的绅士。他对手里拿着锄头的弗莱明说："我今天是特意来感谢你的，昨天被你救起的孩子是我的儿子。"弗莱明说："你误会了，我并不是为了能得到什么才去救人的。"

　　他们正在说话的时候，弗莱明的儿子回来了。这位绅士问道："这是你的儿子？"弗莱明骄傲地回答说："是的。"这位绅士看了看他的儿子，又注意到弗莱明家的生活现状，突然想到一个方法。他对弗莱明说："你救了我的孩子，就让我为你的儿子也尽点力吧。请让我把你的儿子带走，我会让他享受最良好的教育和生活，如果你的儿子将来能像你一样待人真诚，那他一定会成为一个让你自豪骄傲的人。"弗莱明被绅士的诚意打动，同意了。多年以后，弗莱明的儿子由于绅士的资助得以从一家著名的医学院毕业。后来，他发明一种非常有效的抗生素，拯救了无数的人。这种药物就是青霉素，而他就是弗莱明爵士。为了感谢他对人类的贡献，当地政府授予他爵士勋章。

有一年，绅士的孩子因为感冒引起了严重的肺炎，已经奄奄一息了，就是用弗莱明爵士发明的抗菌药救了一命。而这个孩子，就是在二战中领导英国人民反击法西斯的温斯顿·丘吉尔。这个故事有了一个很传奇又很令人感动的结局。

真诚对待别人，才有可能得到别人同样的真诚对待。弗莱明因为自己的真诚才让儿子成才，那位绅士也是因为真诚才挽救了自己儿子的生命。

其实，类似的事情也发生在我们每个人身边，就像天冷了会提醒别人多穿衣服，下雨要记得带伞，一个人出门要注意安全一样，只是一句很简单的嘘寒问暖，但是也能体现出人与人之间的真诚。

人们经常说女人爱计较，我的一个心理学家朋友也说，因为女性在很多事情上都处于不利地位，所以她们在利益问题上常常会想得比较多。于是我便经常听到一些女性和我讲她的经验之谈，她们说在交朋友时就会提前估计：这个人能帮上我什么忙，我能从她那里得到什么好处，和他交往会让我有面子之类。

不过，女士们，你们有没有想过，这样带有目的性的交往恰恰会影响你的朋友质量。没有一颗真诚的心，你吸引的也只会是追逐利益而来的人，不会是真正的挚友。正如18世纪的本杰明·富兰克林所说的那样："最能施惠于朋友的，往往不是金钱或是一切物质上的接济，而是那些亲切的态度，欢悦的谈话，同情的流露，纯真的赞美。"没有真正的朋友，就不可能付出真情，收获真情。在社会大潮中挣扎生存的女性，如果没有几个知心的朋友陪伴，要想生活幸福，那可就有点困难。

有一名叫约翰的中年商人，由于工作繁忙，经常要坐飞机往来于世界各地。有一次，他要前往巴黎开会，在飞机起飞前，约翰请空姐帮他倒杯水吃药。这位空姐满脸歉意地说："先生请您稍等片刻，由于飞机正要起飞，为了您的安全，等飞机平稳飞行后，我马上把水给你送过来。"

20分钟过去了，飞机早已平稳飞行。突然，头等舱那里传来急促的乘客服务铃声，这位空姐才猛然想起忘了给刚才的那位乘客倒水。她走到机舱看到刚才按铃的果然就是那位要水的乘客。她满怀歉意地把水送到约翰前面，面带微笑说："实在对不起，先生。由于我工作的失误，耽误了您吃药的时间，我感到非常抱歉。"约翰指着手表说："道歉有什么用，你自己看看，都过去多长时间了？"空姐听到约翰这样抱怨，心里不免感到有些委屈，但是，不管她怎么说，约翰都无法原谅她的失误。

在接下来的飞行途中，每次有客舱服务的时候，这位空姐为了弥补自己的过失，她总是特意走到约翰的跟前，面带微笑的细心询问约翰是否需要什么帮助。但是约翰却仍然气鼓鼓的，理都不理这位空姐。

在飞机快要到达巴黎的时候，约翰要求这位空姐把乘客留言簿给他送过去，显然，约翰是想要投诉这名空姐。空姐毕恭毕敬地将留言簿递到约翰的手里，并依然面带微笑地对约翰说："先生，对我刚才在工作中的失误，允许我再一次地向您致以最诚挚的歉意，无论您有什么意见，我都欣然接受您的批评指正。"约翰听她讲完，什么也没说，便在留言簿上写了起来。

飞机安全抵达目的地之后，这位空姐心里却忐忑不安，不知道约翰在留言簿上写了什么？当空姐怀着失落的心情打开留言簿的时候，却吃惊地发现，约翰写的并不是关于她工作失误的事情，而是一份表扬信。

是什么让这位约翰先生最终放弃了对空姐的投诉呢？在留言簿上，空姐看到这样的一句话："在整个的旅途过程中，你所表现出的诚挚歉意，特别是你那洋溢在脸上的微笑，都体现了你良好的职业道德，也深深地打动了我，最后我决定在留言簿上将投诉信改成表扬信。如果下次到巴黎的话，我还会乘坐你们的航班。"

我们在日常生活工作中，难免会出现一些差错，会给他人带来不便和损失。这时，我们该坦率地认错呢还是找理由掩饰自己的过失呢？我想，好多人觉得承认错误是很丢脸的事，认了错就会损害自己的形象。其实不然，我们真诚地承认自己的过错，不仅会得到别人的谅解和尊重，同时也可以避免因自己过错导致的矛盾。

曾经一个朋友告诉我：真诚是人们互相谅解的窗口，同样也是消除矛盾的良药。我们每个人都拥有真诚，生活和工作就会变得更轻松。

我小时候曾读过这样一个童话。

一天，黄牛在森林里漫步，突然听到远处有哭声。它走近一看，原来是狐狸在伤心地哭泣。黄牛便问："狐狸老弟，你为何这么悲伤？"狐狸一把鼻涕一把泪地说："人家都有好朋友一起玩，而我孤零零一个人，所以心里难过。"

黄牛问："你不是跟花猫关系不错吗？"狐狸叹道："我跟花猫交往了一年，它从没有请我吃过饭，这还算得上哪门子的朋友啊？"黄牛又问："山羊不也曾经是你的朋友吗？"狐狸摇头道："我跟山羊交往了半年，它从未给过我一点好处，我早跟它断交了。"黄牛摇了摇头，问："听说你最近跟猪关系还不错。"狐狸顿时气得咬牙切齿，说："黑猪又蠢又笨，啥都帮不了我，我早把它踢了。"

黄牛调侃道："狐狸老弟，我送你一样东西吧。"狐狸听到黄牛送东西给他，眼睛一亮，心想这下得便宜了，立刻问："你要送我什么？"黄牛吐出简短三个字：贪心鬼。扭头就走了。

读完这个故事，我想任何人都会认为狐狸没有朋友是理所当然的。狐狸没有"真诚"只有"贪心"，自然没有动物愿意跟它在一起做朋友。我们人类的友谊不也是靠真诚建立的吗？真诚就像我们建立友谊的纽带和桥梁，没有真诚做友谊的基石，友谊的大厦最终会成为空中楼阁。我和我的朋友在一起，我想得更多的是我能够给他们提供什么帮助，而不是想着他们能为我做什么，这样我才觉得自己有资格做别人的朋友。

曾有一个朋友向我诉苦，他说，自己年轻的时候结交了一帮酒肉朋友，整天花天酒地，关系好得恨不得穿同一条裤子。后来，钱都被他挥霍光了，生活变得拮据起来，他的朋友就都离开了他。他感到很伤心，说靠利益结交的朋友是靠不住的，他们交好你只是看到了你的财富，等你不幸落魄的时候，他们发现在你这里再也无利可图，就会决然地弃你而去。

我很庆幸自己没有那样的朋友，即使有人说在现实生活中不多个心眼儿不行，我也仍然认为我们都希望与自己交往是靠真心。既然有这种期望，自己又怎么能不第一个做到呢。

幸福箴言 *Sayings on happiness*

老朋友，是这世间一个很亲切的称呼。你们或许曾共同度过一段难忘的岁月，或许分享过一个深埋心底的秘密，任时光荏苒，再见面时，你们仍然觉得彼此仿若相识在昨天，这份情义，甚至在岁月的磨砺下愈发深厚纯粹。然而要成为老朋友，除了缘分，更需要以真诚来维系，以心换心，不存欺瞒，才能获得一份真正而永久的友情。

执子之手，与子偕老，从今以后，
在欢笑与泪水的每一个站口，
都有我和你风雨兼程的剪影。

🎩 Happiness
多听逆耳良言

每个人都喜欢倾听赞美，
而厌恶批评。
其实，生活中每做一件事，
你周围的人都会提出意见及评价，
如果自己摇摆不定，
就很容易让别人左右你的思想，
估计你到最后就什么也都做不成了。
其实，不用管那么多，
我们用快乐的心情去面对就行了。

　　在很多年以前，我为了推进人性教育的发展，在纽约准备办一个示范教学会。当天有许多的记者还有业界人士前来。然而在会上一个来自纽约《太阳报》的记者让我很不快。他总是不断地攻击我的工作还有我本人，丝毫不留情面。让我着实很难堪，我当时真是气坏了，认为这是对我极大的侮辱，绝对不能容忍。于是，我马上给《太阳报》的执行委员会主席娜塔亚打电话，要求她在《太阳报》上特别刊登一篇文章，来说明事情的真相，不能这样讽刺嘲弄我。我下定决心要让这个犯错的记者得到应有的惩罚。

娜塔亚却劝我说："不要把这样的事情放在心上了，很没有必要。您是一名成功的教育人士，何必把一件小事看得如此严重呢？"可是我当时却执意要那样做，来平复我的满腔怒火。

现在回想起来，我时常为我当时的冲动感到懊悔和惭愧，感到自己的胸襟还不如娜塔亚这位女士。直到现在我才知道，当时买那份报纸的人有一大部分不会看到那篇文章，即使看到了也只会把它当作一件不值一提的事情；而真正看到这篇文章并且记住的人里面，大部分的人也会在几个星期后就把这件事情忘得一干二净了。

多年以后，我知道了一个道理，我不能挡住别人的嘴，阻止他们对自己做出任何不公正的批评，但是我却可以做一件更重要的事情：决定自己是否要受到那些不公正批评的干扰。当然，我并不是说所有的批评我们都不接受，仅仅是不接受那些不切实际的批评。

罗斯福总统曾经说过，避免不公正批评的唯一方法，就是："只要你先肯定自己是对的，有足够的自信就行——因为不管你怎么做都是要受到批评的。做也是死，不做还是死，结果都一样。"

人人都有一张嘴，似乎所有的人都有批评你的权利，不管你做任何一件事，你需要掌握的就是：哪些是可以听的，哪些是不能听的，要能分辨出哪些是不怀好意的恶语相向，哪些是忠言逆耳的良言。

一天中午，工厂老板福瑞克用完午餐，便去巡视工厂。他远远就闻到一股烟味，走进操作间果然发现几个工人在里边吸烟，而在他们的头顶上方赫然挂着"禁止吸烟"的牌子。按照常礼，福瑞克应该大发雷霆，指着墙上的牌子说那些工人："你们知不知道这里不能吸烟啊，难道你们不认识字啊？"但是，福瑞克却没有这样做。

他走到工人们面前，从自己兜里拿出一盒雪茄，给他们一人一支，说："嗨，兄弟们，先别谢谢我，如果你们能到操作间外面吸烟，我会很高兴的。"工人们下意识地知道自己犯了错误。同时心里又很钦佩福瑞克，因为他不但没有责备他们，还给他们雪茄当礼物。福瑞克的做法使工人们在人格上得到了尊重，开始自觉遵守工厂制度。像福瑞克这样的人，你能不喜欢他吗？

爱德华受邀到耶鲁大学讲授神学说。在前一天晚上，爱德华为了使这次的讲学有完美的表现，事先就把讲学的稿子准备好，又反复进行修改润色，直到自己认为可以了。然后，爱德华将演讲稿读给他太太听，想知道别人的意见。然而他太太听了之后，却觉得这篇演讲稿没什么特别之处，就跟普通的演讲稿一样。

如果爱德华的太太没有足够的涵养和见解的话，她可能会这样对爱德华说："爱德华，我觉得你这篇演讲稿写的糟透了，这怎么能拿去演讲呢？如果你这样讲的话，我想听的人一定不知所云，要是我的话一定会睡过去，它听起来像是在读百科全书一样。你讲学已经这么多年了，我想你应该是很明白的，我的天啊，你怎么就不能像平常说话那样，自然一些呢？"

她当然可以这样对爱德华说！但是如果她这样说了，又会有什么样的后果呢？

我想她的丈夫一定会很失望，可能也不知道自己接下来该怎么做了，是听太太的，还是自己再想其他的办法？

事实上，爱德华的太太用了另一种说法很巧妙地暗示了爱德华，"我想如果你把你的这篇演讲稿拿到北美评论去发表，一定是一篇极好的文章。"也就是说，她虽然在表面上赞美爱德华的杰作，同时却又向爱德华指出：这篇演讲稿，并不适合在演讲的时候用。爱德华也很聪明，他听出了妻子给的暗示，他毫不犹豫地把他那篇费尽心思的演讲稿了撕碎了。爱德华什么也不准备，只身前往耶鲁大学。

没想到，爱德华在没有任何演讲稿、参考资料的前提之下，自己即兴发挥，讲得绘声绘色、声情并茂，赢得了台下阵阵掌声，这次演讲获得了很大成功。

其实，类似上述情况的事情随时随地都发生在我们身边，提醒着人们：当我们要试图去劝阻一件事的时候，避免从正面批评。在必要的时候，不妨用旁敲侧击的方法巧妙地暗示对方。

要知道，我们每个人都有自尊心，如果你直接正面批评别人，可能会伤害他的自尊心。如果你采用容易被接受的方式方法提醒他，对方也能感觉到你的良苦用心，不但会接受你的好意，更会为此感谢你。所以说换一种批评方式也能表达同样的意思，还不会引起对方的反感与不安，何乐而不为呢？

以前我认识一个推销饮料的人，叫作威尔·史密斯，他这个人有个怪癖，有事没事找人来批评他。在刚开始推销饮料的时候，史密斯的订单非常少，他很担心自己会失去这份来之不易的工作。史密斯知道他的饮料在质量和价格上都没有问题，所以他想问题肯定是出在自己身上。因此，每次他没有成功地推销自己的饮料，便会一个人去操场上去踢球，希望可以活动一下神经弄清楚自己到底是哪里出了问题。史密斯甚至还去找之前没有买他饮料的客户："我这次来，不是向您推销饮料的，麻烦您能告诉我为什么没有买我的饮料，我诚恳地希望得到您的建议和批评，我在之前向你推销饮料的时候，是不是有什么地方做得不对？您比我经验丰富，也比我成功，您不必顾忌什么，如实相告就可以。"

就是史密斯这种诚恳态度和锲而不舍的精神，为他赢得了很多生意上的朋友和许多宝贵的经验，还有花钱都买不来的批评意见。史密斯的事业也随之不断上升，现在，他已经成为全世界知名饮料集团的总裁了。

和史密斯一起推销饮料的还有查尔斯，后来查尔斯在电视台做了主持人，史密斯每年都会拿出100万美元给查尔斯的节目做赞助。但是史密斯从来都不去看那些称赞这个节目的信件，而是看那些批评信件，因为他知道，只有在批评的信件中才能学到更多的东西。

史密斯在管理公司和处理业务上发现问题时，也会向全体员工征集意见，请他们来批评指正公司存在什么问题，请教如何解决。

我想并不是每一个人都能做到史密斯这一点的。现实生活中我们每个人都有自己的生活方式，往往落入自己原有认知的陷阱里，发现不了真实的自我。这个时候，我们为什么不照照镜子，看看自己到底是一个什么样的人？每个人都追求完美，但我们都不可能达到完美的程度。如果我们想得到更多的快乐，我们就要记住自己做过的错事，勇于批评自己。《圣经》告诫我们："要善于听从别人的建议和忠告。"说起来虽容易，做起来就难了。

在生活中，人们总以为自己是对的，迫使别人接受自己的意见。你可曾意识到，这种想法让我们没有了改进的余地，成为我们走向成功的巨大障碍。让我们想象一下，在一间宽敞的画室里，有10个著名的画家围坐在一张圆桌边，圆桌中央放着一个苹果，他们一起对这个苹果画素描图画。很显然，每个画家画出来的苹果都是不一样的，因为每个人看苹果的角度不一样。由此我们可以联想到，同一件事，我们看问题的角度不同，得出的结论就会千差万别。而我们自身和环境等因素影响着我们看问题的角度，从而决定着我们的意见。固执己见则会阻止我们成长进步。多聆听别人的想法，我们才可以避免固执己见。

从我家步行大约一分钟，就可以走到一片森林，春天到来时，这里野花茂盛，松鼠在林间筑巢。这块林地从未被破坏过。人们在这块林地的基础上建了一个森林公园。我常常带着雷斯到森林公园散步，雷斯是只小波士顿斗牛犬，它友善而不伤人。公园里少有行人，所以我就很少给雷斯系狗链、戴口罩，让它能舒服一点。

一天，我正在和雷斯散步，迎面走来一位警察，他很傲慢地申斥我："你为何不给你的狗系上链子或戴上口罩，你不知道这是违法的吗？"

"我知道。不过，我认为它不会在这里咬人的。"我回答道。

"法律是人人都必须遵守的，不会因你的认为而改变。你的狗在这里可能会咬死松鼠，或咬伤小孩。这次就饶过你，下回再让我看见这只狗在公园里没有系上链子或套上口罩，你就必须跟法官解释。"

我按照警察说的做了，然而雷斯不喜欢戴口罩，我也不喜欢它戴。后来带它出门时，我决定碰下运气就没有给雷斯戴口罩系狗链。一开始还没出什么问题，但很快就遇到了麻烦。那天下午，我与雷斯在山坡上赛跑，突然遇到一位警察。

我未等他开口，就连忙认错说："警官先生，对不起，您当场逮到我了。我没有任何借口，因为上星期有警察警告我，带小狗出来要给它戴口罩，否则要罚我。"

"这事好说，我明白在人少的时候谁都喜欢带这样一只小狗出来散步。"出乎意料，警察居然很理解地这样说。

"可这是法律禁止的。"我回答。

"它不会咬伤人吧？"警察竟然为我开脱。

"它可能会把松鼠咬死。"我说。

"其实没这么严重，这么办吧，你让它跑到我看不见的地方，事情就算了。"

我当时想，警察也是人，他要的是被人看重的感觉。因此，当我责怪自己时，他感到自己的权威得到了尊重。我没有和他正面交锋，而是爽快、坦白、真诚地承认自己错了。结果，他反而帮我说话，事情就在和谐的气氛下结束了。

因此，如果我们知道即将面临的批评责备是躲避不了的，那何不主动认错呢？自己谴责自己比挨人家的批评好受得多。能主动承认错误的人，就会赢得别人的尊重。如果我们是正确的，我们不妨用温和的方式阐述我们的看法；倘若我们错了，就应该立即诚恳承认自己的错误。千万不要忘了这句古话："用争辩的方法，你不可能得到满意的效果；用让步的方法，你的收获会比你预期的要多得多。"

幸福箴言   *Sayings on happiness*

人们总爱听美好的恭维而对中肯的批评心存嫌恶，殊不知，好比良药苦口，真正的良言也总是包裹着一层苦涩，可正是这一层苦涩，让习惯了甜蜜味道的我们感受到了一阵惊颤，然后学会静思己过，在不断的自省中砥砺前行。

Happiness
幸福眷顾心存感恩的人

人们常会问，
幸福是什么？
我想说感恩就是幸福，
生活中懂得感恩的人一定是一个善良的人，
会感谢生命的人，
才会珍爱每一天；
会感谢他人恩惠的人，才会满足地生活下去。

　　一天傍晚，迈克一个人开着车缓慢地行驶在回家的公路上。他在美国西部的一个小镇上谋生，他的生活节奏也如同他开的车子一样迟缓。不久前，他所在的工厂倒闭了，直到现在也没有找到一份固定的工作，但是迈克并没有放弃希望。他一边开车一边想：现在外边的天气很寒冷，也不知道在这样的地方，除了那些需要外出的人们，谁还会行驶在这样的路上呢？

　　迈克的朋友们为了追寻各自的梦想都已经离开了这个小镇，但是，迈克还是选择留下。这里是生他养他的故乡，有他的童年和梦想，他的父母也都长眠于此，迈克对这个故乡有太多的感情难以割舍。外边的雪已经下得越来越厚了，迈克告诉自己得加快速度回家了。

这时，他看见车外的路边上停着一辆奔驰车，旁边还站着一位老妇人。迈克心想在这么偏远的地方老妇人想要求援是很不容易的。于是，他就在老妇人车的旁边停了下来。老妇人很紧张地朝迈克笑了笑，心想：会不会是遇到抢劫的了？这人衣衫褴褛，看上去穷困潦倒，就像一只恶狼一样。

迈克看出了这位站在寒风中瑟瑟发抖的老妇人的心思，说："夫人，你不用害怕，我是来帮助你的，你先到车子里坐着吧，里边暖和些。你不要担心，我叫迈克。"迈克检查了一下她的车子，发现车胎爆了，只要换一条备用胎就行了。但是换轮胎对她这样一个老妇人来说，恐怕也不是件容易的事。迈克在自己的后备箱中找到工具，开始帮老妇人换车胎。换胎的时候迈克一不小心把自己的手擦破了。就在他快换好的时候，老妇人把车窗摇下，才开始跟他说话。"我是从大城市来的，从这里路过，非常感谢你停下车来帮我。"迈克一边听着，一边把工具收好。虽说迈克现在手很酸，衣服也都弄脏了，但是他脸上仍然挂着微笑说，"夫人，车已经修好了。"老妇人说："年轻人，不知道换一下轮胎多少钱，你要多少钱都可以。如果没有你的帮助，我真的不知道会发生什么事情。"

迈克没想过帮这位老妇人要得到钱财回报，因为他从来没有把帮助别人当成工作来做。在他的人生准则里，帮助别人是一件理所应当的事。于是迈克告诉她，"如果你真的想感谢我的话，当你下次碰到别人需要帮助的时候你去帮助别人。夫人，你到时候可要记得我啊。"

迈克直到她的车子开远才上车。其实他这一天过得并不顺心，但是当他帮完那个老妇人之后，心情却变得格外的好。

那位老妇人距离她的目的地还有很长一段路要走，在她途经的路边有一家很小的咖啡馆，于是她想先吃点东西暖暖身子再走。

这家咖啡馆已经在这开了很长时间，屋里的用具都已经很陈旧了。老妇人走进咖啡馆，迎面走来一位满脸笑容的女招待，问她需要什么。这位女招待挺着个大肚子，看起来还有几个月就要生了，可是一天的辛苦劳累并没有让她失去应有的热情。老妇人不知道是什么原因让这位怀孕的女人必须工作，也不知道她为什么还是如此的热情。这个时候，老妇人想起了刚帮助她的迈克。

吃完东西后，老妇人让女招待来结账，当女招待准备将零钱还给老妇人时，却发现她已经走了，在餐桌上有老妇人留下的纸条："请你把这钱收下吧，就当是我的礼物。你不用觉得诧异。你现在的处境我曾经也经历过，有人也像我现在帮助你一样帮助过我。如果你想感谢我，就替我把这种精神传递下去吧。"看完之后，女招待感动得流下了眼泪，她发现在餐巾纸的下边还压着三百美元。

在回家的路上，她一直在想老妇人为什么要给她钱？还有几个月孩子就要出世了，所需要的东西还没有着落呢，她和丈夫都为这个而犯愁，每天起早贪黑地工作，没想到，这位善良的老妇人帮助了他们，对他们来说这无疑是雪中送炭了！

劳累了一天的丈夫早已睡着了，她知道他一天东奔西跑太累了，于是，她轻轻地吻了一下丈夫的额头，"亲爱的迈克，我们一切都会好起来的。"

我始终相信好人总会有好报的，帮助别人其实就是帮助我们自己。所以，我们要学会感恩，感恩是一种积极健康的心态，也是一种生存哲学。尼采曾经说过"感恩就是灵魂上的健康"。一个不懂得感恩的人总是会把别人的帮助当成理所当然，只知索取而不懂知恩图报。试想这样的人一定活得不快乐，因为他从未体验过那种相互给予带来的精神愉悦。

我们都是偶然来到这个世界上的，但是我们却一生下来就能享受到前人带给我们的一切成果。有人曾说过："一个人最大的不幸，不是得不到别人的'恩'，而是得到了，却漠然视之。"我想谁都不是天生就要去帮助别人或是要别人帮助，但是当我们怀着一颗感恩的心，帮助那些需要帮助和被帮助的人，这种感恩的力量才会像圣火一样代代相传。

亚历山大怎么也不会想到自己居然失业了，一切来得是那么的突然。他是一个调酒师，在酒厂干了八年，他一直踏实敬业，也认为自己一定会在这里做到退休，然后和一家老小，拿着丰厚的退休金享受天伦之乐。可是，他没想到这年厂子因为经营不善倒闭了。

亚历山大刚刚步入中年，他的第二个儿子不久前降临人世，他感谢上帝的恩赐，但同时也意识到自己肩上的责任，现在必须要重新找工作，作为父亲和丈夫，他知道自己的义务和责任，自己受点委屈没什么，但是必须要让孩子们和妻子过得更好些，这就是他现在存在的意义。

亚历山大现在的生活真是一团糟，每天都是到处奔走找工作。转眼间一个月过去了，他还是没有找到一份工作，因为他除了会品酒调酒，什么都不会做。

终于有一天，他在报纸上看到有一家酒厂要招品酒师，薪资还算是很丰厚的。亚历山大带着资料满怀信心地赶到那家公司。没想到应聘的人数出奇得多，这就意味着竞争将是残酷激烈的。经过跟工作人员的简单交谈，厂家通知他星期一参加考试。

亚历山大在考试过程中凭着自己多年的经验积累很轻松地就过关了，然而在面试的时候，考官问他关于酒厂的未来发展方向，尽管亚历山大对酒类知识准备得很充分，可是对于这种问题他却从来没有认真地思考过。因此，他回答得并不好。

虽说应聘失败了，但是亚历山大感到酒厂对未来行业的发展前景的重视，让他明白不管是一个企业还是个人都是要有忧患意识的，否则就很难发展下去。这使他认为自己这次应聘过程中收获不小，有必要给酒厂写一封信，来表示感谢之意。"贵厂不惜耗费人力、物力，为我提供了考试、面试的机会。虽说我没机会到贵厂上班，但是通过这次机会让我受益匪浅。感谢你们为此付出艰辛。

谢谢！"

两个月之后，圣诞节来临，亚历山大收到一张漂亮的圣诞贺卡，上面写着：尊敬的亚历山大先生，如果你愿意，我们将邀请你同我们一起过圣诞节。贺卡就是那家酒厂寄来的。原来，他之前所应聘的职位出现了空缺，他们第一时间就想到了寄过感谢信的亚历山大。

这个酒厂现在已经是闻名世界的酒庄。十几年后，亚历山大凭着自己出色的专业技能，也成了酒庄的核心人物。

就是因为这封与众不同的信，成就了亚历山大。他当时并没有因为自己落选而垂头丧气，而是感谢他们能让自己在一次机会中学到了很多东西。当我们面对失败的时候，以感恩的心态去面对一切，你就会发现，其实人生比我们想象的要精彩。

有些人，遇到失败时总是一味地抱怨，抱怨上帝为什么总让自己那么的不顺。其实细想，人生在世也就那么短短的几十年，大多数的历程都充满坎坷，如果我们整天怨天尤人，忧心忡忡，生活只会黯淡无光。换个角度想，当你拥有一颗感恩的心，以超凡的心境、坦荡的胸襟去体味生活，那么索然无味的生活也会散发出夺目的光彩来。愿感恩之心常驻你我的心间。

我认识一个住在纽约的女人，她的亲人没有一个愿意接近她，她因为孤独而总是不停地抱怨。如果有人去拜访他，她会对每个人不停地诉说她做了多少好事，她常常能一连絮叨几个小时。

她曾扶助过几个侄女，出于一种责任感，侄女们偶尔会来看她。可这几个侄女都害怕见到她，她们知道，一旦来到这里就得忍着坐几个小时。她总是在侄女们面前拐弯抹角骂人，不停地埋怨和叹息。后来侄女们实在不敢来看她了，但是她却还有一个威逼利诱她们过来的"法宝"：心脏病发作。

她究竟是不是心脏病发作呢？经医生诊断，发现她果然没有撒谎。但是医生说，她的心脏很"神经"，一旦不高兴就会出问题，这是她心脏病发作的诱因。她的问题完全是感情引起的，心病还须心药医，医生们也没有办法。

其实，这位女士所需要的是爱和关注，也就是她要求的"感恩回报"。她认为既然她付出了，她就应该得到回报。然而，她越渴望得到回报，人们就离她的要求越远，她越得不到感恩和爱，内心也越痛苦。

世界上像这样的女人真是数不胜数。这些女人总是抱怨"别人的忘恩"，因孤独抑郁而生病。她们希望得到别人的爱，但她们却不知道恩惠不能苛求，真诚地付出，并不希望回报，这样才会得到感恩和爱。

或许有人认为我太理想主义了，其实，并不是这样的，这只是普通常识，这是能让我们得到快乐的最好的方法。

如果我们想得到快乐，我们就不要去计较感恩或忘恩，只享受奉献的快乐就可以了。我很小的时候，父母以他们的身体力行来教导我要心存感恩之情。莎士比亚说："一个不知感激的孩子比毒蛇的牙还要尖利。"所以，我们应当从小就学会感恩。

我决心竭尽全力培养自己感恩的态度，不管是有意识的还是无意识的，每天清晨醒来，我要先感谢上帝，因为我还安然无恙地活着，可以自己做饭吃，不论我有什么烦恼，都尽量做全家最快乐的人，如果说我没有达到这个目标，那么我可以肯定我做到了另外一点：我是全家最会感恩的人！

幸福箴言　　　　　　　　　　Sayings on happiness

活着，每日都是恩典。如果每个人都能以这样的心态来面对人生中的种种坎坷，也许我们就不会在困厄突然造访的时候抱怨连连。要记住，在所有的不幸面前都可以加一个"更"字，所以，回头望向来时路，那些曾经愁苦的岁月，其实磨砺了我们的体魄和灵魂，我们反而要对这些所谓"不幸"说声谢谢。

我坐在月亮上发呆，
将不开心一股脑儿地说出来。
玫瑰花儿爬上来，
笑意盈盈地告诉我，
人生这条赛道，
自信的人才能跑得更快。

Happiness

点滴善意，成就一个更完美的你

我想心存善念的人一定是热爱生活的人，
在生活中我们要学会播撒善意，
善意是一种力量，
也是我们经常提起却并不真正了解的高贵品质。

　　每个人每天都会遇到许多陌生人，大家通常都擦肩而过，很少产生交集。我想安迪肯定也从来都没有想到过，他在回多伦多的火车上遇到的那位先生，会从此改变了他的人生方向。在火车上交谈中那位先生说是要去看他的祖父，没想到他的祖父正好住在安迪家的附近，由于顺路，他们就一起坐车回家。等他们走近那位先生祖父的公寓时，那位先生问安迪能不能帮他把东西拿到六楼去。

　　安迪心想有什么不可以的？于是他就帮这位先生把东西搬到了六楼。可是谁也不会想到接下来在安迪的身上会发生什么事情？

　　这位先生的祖父已是八十岁的高龄，他曾经是知名服装品牌旗下的创意总监，名叫希德，后来在聊天的过程当中，希德说话风趣诙谐，精神也很好，还说他喜欢听着古典音乐喝咖啡，结果他和安迪成了很好的朋友。之后希德带着他发掘领略了他从未见识过的多伦多面貌。后来，安迪在他的回忆中说："这么多年，我在希德最喜欢的咖啡厅和音乐俱乐部，享受像上帝一般的待遇。"这比起当年他拿着东西气喘吁吁地爬到六楼时给他的报酬丰厚的多了。后来安迪又发现，希德的儿子罗夏，正是带有传奇色彩某钢铁集团的总裁。那时正值安迪准备辞职，罗夏来邀请安迪到他在纽约郊外的别墅里一起住。安迪接受了他的邀请，并且告诉他的老板他准备移居到纽约去。没想到安迪的老板说："既然你要搬到纽约，那为什么不在那里开一家店，和我们一起做事呢？"

安迪在纽约过着丰富多彩的生活，平时在店里打理他的生意，周末就在罗夏的别墅里度过，现在安迪所交往的都是罗夏所认识的风流雅士。

"其实当初我完全可以让那个在火车上相遇的陌生人自己把东西拿到楼上去，但我却没有那样做，否则我就会错失我现在拥有的一切。"安迪回忆说。

我们每天在街上都会遇到陌生人，通常我们都会认为这些陌生人对我们来说不重要。尤其是在火车上，我们一般都会避免跟车上的人接触，下了火车我们也都会各自走各自的，彼此都只是简单的擦肩而过，没有更多的交流，到最后彼此仍然还是陌生人。

所以你又怎么会知道这些陌生人是做什么的呢？这个人可能是你现任老板的亲戚或是兄弟姐妹，或者是某个银行的行长，可以为你解决理财带来的困扰，又或者他是某个知名品牌的设计师，可以帮你打造提升个人魅力的个性空间。所以说，陌生人对许多人来说都很重要。当你把你所遇到的每一个人都当成世界上最重要的人的话，你就会变成从头到脚焕发出善意的人。

我想说善意会让你得到好报的，因为我们谁都不知道自己在哪一天哪一刻会遇到什么样的人，也许就此就开启新的人生。

因为工作的关系，我曾经采访过很多女性朋友。她们有着各种各样的人生经历和自己的感悟。其中有一位朋友的故事值得女性们听一听。

玛利亚·布兰奇是一位杰出的女性管理者，我认识她时，她正以不大的年纪担任某公司的主管，后来更是当上了副总裁。

尽管布兰奇家庭出身优越，是家中的大小姐，但她在待人时却没有一丝傲气，显得非常有耐心、有礼貌。我曾经注意过她在与人交往时的细节，她对每个人都彬彬有礼，从传递物品时的手势到谈话时的姿态都堪称礼节典范。但她并不只是表面上对人和善，在为人处世的细节中表达出的浓浓善意更是使她成为最得人心的公司领导之一。

有一次，布兰奇到分公司视察，正好遇到一个孩子前来募捐。当看到分公司经理想开一张支票就把人打发走时，布兰奇摇摇头，否定了这种做法。她走过去和孩子亲切地谈了一会儿，对要募捐的项目进行了详细的询问，还给了他一些建议，并以个人名义再填了一张支票。在分别的时候，布兰奇还夸奖他道："小小年纪已经是xx等级了，你可真了不起。"

　　布兰奇对分公司经理说，让这些孩子从小就自己行动是美国少年为之自豪的一项成长锻炼，我们应当表现出足够的尊重，设身处地地想一下，如果自己原本充满了忐忑来到商业机构募捐，却来不及说一下自己的来意就被人打断了，那肯定会有点难过。布兰奇就是这样，会时刻为他人的感受着想。

　　布兰奇的直属办公室里有一个新晋员工，家境十分困难，因此工作非常拼命，经常主动加班赚取加班费。布兰奇知道这一情况之后，便劝说她要注意身体，为她提供了很多帮助，并及时按照业绩提拔了她。然而，一年之后，这名员工要跳槽到另外一家公司。她来辞职并向布兰奇一再道歉。布兰奇不但没有说责备的话，还勉励她要继续努力，不断上升，并愉快地与她握手告别。

　　我就此事访问过布兰奇，问她是不是表现得太大度了，"据说她能够成为一名业务好手很大程度是因为你手把手的教导，现在她就这样走了，你不会觉得恼火。"

　　布兰奇说："突然要换一个人是有些不方便，但是她负担太重，迫切需要解决现实的家庭开支问题。所以如果她跳槽到薪资待遇较高的地方我也不会说什么。"她笑了笑，又接着说："也许过几年以后她还会再回来也说不定。"

　　看了布兰奇的做法和周围人对她的尊敬，我相信，她能够取得成功与她时时展现的善意有莫大的关系。

　　其实，我们扪心自问，让我们直接去接受别人的指责，这是很难的。但是如果对方很谦卑的告诉我们该怎么做，告诉我们他们也并非完美的人，我想我们就比较容易接受别人的意见了。

虽然自己明白这一点，然而在别人做错事的时候我们依然是在以自己的意志标准去衡量他人。其实，你也可以想想你自己曾经年轻的时候，当初犯错时被老板叫到办公室战战兢兢的情景，我想你就没有必要那么生气了。如果当初我责备约瑟芬，只会让她越来越紧张，每当遇到不能处理的问题时一定会变得缩手缩脚，章法全无。也许一开始是出于好意，批评她让她吸取教训，以后遇到这样的事情就避免犯同样的错误，但是错误的举动，却会让事情变得越来越糟，事与愿违。

要想让自己的行为变成善意的举动，我们首先要能体会到别人的内心世界，体谅别人内心的纷繁复杂的情绪，试着去换位思考，观察对方的各种动作和表情，猜想对方有什么样的情绪表达，并根据这个调整自己的态度与行为。我想这样的举动，他人一定可以感知得到，这样，你也可以博得他的好感和善意，这是一种相通的善意表达。

人跟人之间交往就是这样，如果你能善意地对待他人，周围的人也必然会回报给你同样的善意，如果你飞扬跋扈，态度恶劣对待你周围的人，我想他们也会以相同的方式回敬于你。试着用自己善良的心更主动地表达你心中的善意吧，一定会得到意想不到的结果。人生苦短，我们何不让自己拥有一颗友爱之心，一份友善之意呢？我相信真诚的善意可以解决一切矛盾，也能感化一切人。

有个叫克里斯汀的人在新西兰一家药品公司做推销代理。一般的药品推销员为了提升业绩好拿提成，都会千方百计地说服店主购买过多的该公司药品。然而，与其他药品公司推销员不同的是，克里斯汀从没这样做。因为一般的药品都有有效期，而且不同药品适应的患者也不同，过多的药品若在一定期限卖不出去，就会损害店主的利益。克里斯汀正是考虑到这一点，因此没有像其他推销员一样，费尽口舌说服店主过多的购买药品。

正是因为克里斯汀做事总是站在别人的角度考虑问题，他拥有了许多忠诚的客户。有时客户会主动联系他，向他购买药品。

一次，克里斯汀去拜访了一家新开张的药店。这家店主十分的固执，无论克里斯汀如何推荐本公司的药品，店主都一口回绝。克里斯汀忍不住问，究竟是何原因使他拒绝这种药品。店主回答道："我拒绝你们公司的所有药品，因为你们公司的诸多活动是针对廉价商店和食品市场而设的，这样对我们小药店危害很大。"听到店主的抱怨，克里斯汀只好放弃。不过，他临走时习惯性地跟店主店员友好地打了一声招呼。

然而半个小时后，克里斯汀却接到了那位固执的店主的电话。店主在电话里说，他打算订一批为数不小的货。克里斯汀有些奇怪，便询问店主究竟是怎么回事，店主告诉他是店里的一位员工改变了他的主意。

原来，这位店员的母亲常年生病，他以前经常在一家大药店买药品。他每次想起重病缠身的母亲，心里总是充满绝望。在一次为母亲购买药品时，他遇到了药品推销员克里斯汀，当时克里斯汀正等待店主。当时正值药价上涨，他发现自己带的钱不够给母亲买药了。克里斯汀得知后，不仅替他垫付了药费，而且还给了他一个充满阳光的微笑。"正是这个充满阳光的微笑，改变了我，扫除了我心中的绝望。从那时起，我决定自学药理知识，努力挣钱为母亲治病。现在，我已迈出了成功的第一步。"店员幸福地说。

接着这位店员向店主建议道："这位推销员肯定给好多店员和顾客留下美好的印象，跟他做生意一定会有收获的。"

店主听从了他的建议，因此克里斯汀又多了一位忠诚的客户。他一如既往地与店员和顾客礼貌地打招呼，并且奉上自己善意的关心和微笑。

善意的关心和微笑像一缕阳光给我们带来温暖和感动，它给身在困境中的人以勇气和希望。所以说，人与人交往贵在相互理解、相互体谅，如果你想要得到真诚的对待，就要先学会为别人付出真诚的关爱。

幸福箴言 *Sayings on happiness*

勿以恶小而为之，勿以善小而不为。日行一善，是积福德，也是在修行自身。用你的笑容与仁慈打动身边的人，打动这个世界，幸福自然也会围绕在你的身边。

🎩 Happiness
一双援手很温暖

生活中我们总是会遇到各种各样的困难，

如果有人向你伸出援助之手，

帮你渡过难关，

我们一定会感激不尽，铭记在心的。

同理当别人遇到困难时，我们同样也要拉他们一把。

在英国南部的一个偏僻的小镇上，住着一位叫珍妮的女医生。她把诊所开在小镇的最高山坡上，门口竖着一块醒目的招牌：珍妮医生诊所在二楼。她这样做，是为了方便病人在很远的地方就能看清楚它。

有一次，镇上一个男孩患了肺结核，若不及时治疗就可能有生命危险，但他家里实在太穷了，父母没有钱带他去医院看病，只好把孩子送到珍妮的诊所。珍妮医生得知实际情况后，不但没有要他们交任何费用，反而不顾及自己被传染的危险，为孩子精心治病。在珍妮的精心治疗下，孩子脱离了生命危险。

珍妮医生的善良和热情赢得了小镇人的推崇和敬爱，镇上的人得了病首先想到的就是到珍妮诊所治疗。

一个下着大雨的深夜，珍妮医生突然接到电话，请求她到镇外一个极其偏僻的小山村去为一名病人治病。珍妮医生放下电话，立刻收拾药箱，匆匆出门。她去发动汽车，不顾风急雨大、道路泥泞，迅速赶往病人家中。当她到达病人家中时，病人正因骨折而昏迷不醒。

看着家徒四壁的患者，珍妮知道这时病人最需要她的帮助。她二话没说，就开始准备给病人动手术，患者家属在一旁流下了感动的泪水。时至午夜，手术才结束，为了病人的安全。珍妮医生做完手术并没有立刻离开这里，而是在这里守护了一夜，直到第二天病人醒来。这一次珍妮依然没有收取一分钱的医药费，临走时还拿出一点钱给患者家属，说给病人买点有营养的食品，他现在身体虚弱，需要补充营养。

这位普通的女医生就这样用她的善良和仁爱，温暖着每个求助于她的病人。每个患者遇到珍妮，就感到充满了希望。而珍妮认为：帮助了需要帮助的人是最幸福快乐的。

我经常到处演讲，曾经许多遇到工作、生活困难的人求助于我，我总是很乐意帮助他们，希望我能给他们带来温暖和希望。每个人都会有遇到挫折和困难的时候，逆境往往让人心灰意冷，这时他们最需要的就是"雪中送炭"。这时，请伸出你们的援助之手，帮助你身边遇到困难的人。这一份"炭"，带来的却是帮助者和被帮助者双方的幸福。

曾经有位贵妇人向我抱怨自己生活乏味单调，她说虽然自己的物质生活很优裕，但是她丝毫没有幸福感。我告诉她，你尝试着了解生活在底层社会的人们，他们很需要你的帮助。你给困难的人们"雪中送炭"，给他们带来温暖，自己也会感到幸福的。

她后来照我说的去做了，后来她每次见到我时脸上都洋溢着快乐自豪的微笑。她说，自己以前太自私了，不懂得帮助别人，所以不快乐。现在经常跟底层生活的人打交道，开始觉得自己活得很有价值。

曾经有一个女人死了丈夫，她感到很伤心，决定搬到另一个地方去。然而家里实在太穷了，搬家时只有一匹老马算是值钱的。

她牵着背负沉重行李的老马，带着孩子，在路上艰难地走着。当她试图过一座桥时，由于桥失修已久，很不安全。她、马和孩子掉到桥下的河里了。她和孩子被周围的人救起，家里唯一值钱的马却淹死了，行李也被河水冲走了。

可怜的母子俩无助地站在陌生的大路上，既无法前进，也无法后退，因为她们已经身无分文。她不知道今晚该落脚何处，看着饥肠辘辘、冻得瑟瑟发抖的孩子，她伤心地哭起来了。

很多人从这里路过，却对可怜的母子俩熟视无睹。路人抱怨她本来就不该试图走这座不安全的桥。有些人甚至取笑她，居然蠢到让一匹老马拖着沉重的家当过河。掉到河里不是活该吗？

路边渐渐地聚集起另一些人，他们非常同情这家人的遭遇，但不知道该如何帮助这母子俩。

这时，人群里走出一位很优雅的中年妇女，她号召大家说：

"各位赶路的人们，我想大家都应该知道，任何一个人来到一个陌生的地方，遇到这样的困难，都需要别人的帮助。我们不应该嘲笑她挖苦她，我们应该有同情心。让我们帮帮这个不幸的陌生人吧！"说完，这位妇女拿出10美元递到这位可怜的母亲手中。中年妇女的言行，很快引起了路人的共鸣。好多人纷纷拿出钱来帮助母子俩。

不久，母子俩就到达了目的地，很快开始了新的生活。后来，母亲带着孩子开了一家商店，再后来她的商店经营得蒸蒸日上，生活也越来越好，而她始终记得在自己最困难的时候那些曾经对自己伸出援手的人。

试想，假如你遇到困难，你希望听到别人的嘲笑吗？我想当然不会，那么当我们看到别人遇到难处的时候，将心比心就不能冷眼旁观，去挖苦别人，而是伸出援助之手，帮他渡过难关。

我的父母在我小时候曾经生活很拮据，但他们依然经常帮助那些穷苦的人。因为他们年轻的时候生活得很艰苦，所以他们懂得贫穷的滋味。当他们看到镇上比他们生活更困难的人时，他们总是设法帮助点什么。记得有一年圣诞节，我们镇上的一个寡妇，带着三个孩子，冻得呜呜哭。父亲得知后，立刻给她送去了一捆柴和一些食品。父亲告诉我，帮助他人是件很幸福的事，而我一生也在不停地实践父亲的教导。

一年冬天，一个小镇上正刮着北风，下着鹅毛大雪，天气极其寒冷。一对老夫妻相互搀扶步履蹒跚地走在街上。由于天气严寒，夜已深了，很多旅馆不是人已经满了，就是早早关了门。这对夫妇又冷又饿，他们希望尽快找到住的地方。

好一点的旅店是没指望了，于是他们来到路边一家简陋的小旅馆，希望这样的小旅馆还有住的地方。然而令他们失望的是，店里的服务员说，店里客人都满了。

"我们找了好多家旅店，都住满了客人。这样糟糕的天气，我们该如何是好呢？"屋外，寒风依然呼呼地刮着，雪花飘了一地。这对夫妻非常发愁。

店里的服务员看出了两位老人的难处，他不忍心让这两位老人再继续受冻。于是，他说："如果你们不计较的话，今晚就住在我的床位上吧，我自己在店堂里打个地铺就可以了。"

服务员看他们饥寒交迫，为他们倒了两杯热咖啡，又去端来两盘热乎乎的饭菜。等这对夫妇吃了饭，他又帮着铺好床。老两口得到这样的照顾，非常感激这位小伙子。

第二天，这对夫妇离店时，坚持付双倍的住宿费，服务员坚决拒绝。他说："让你们这么大年纪的人在风雪中挨冻受饿，无论是谁都于心不忍，我只是做了我力所能及的事而已。"

老夫妻感激地说："小伙子，只有具备你这样的品质的人，才有资格做一家五星级酒店的总经理。"

"如果那样的话，我就可以让我妈妈过上更好一点的生活了。"服务员随口说道。

两年后的一天，小伙子收到一封信，信中邀请他去拜访一对夫妇，这对夫妇正是当年他所帮助的两位老人。

小伙子来到了那里，老夫妇带他到当地最繁华的街道，指着一栋摩天大楼说："这是我专门为你建的五星级宾馆，我想现在正式聘请你当宾馆的总经理。"

其实这个小伙子帮助他们只是举手之劳而已，而这对老夫妻却以"滴水之恩当涌泉相报"的诺言践行着自己的人生态度。结果小伙子不仅赢得了别人的信任，还得到了企业高管的职位。但他的幸运并非上天赋予的，而是来自于他乐于助人的高尚品德。

当然，我们帮助他人并非是为了得到别人的回报，因为帮助他人本身就是快乐的事。看到受助者脱离困境，不仅对方获得了温暖，我们也觉得幸福。如果我们抱着要别人回报的想法去帮助他人，那种心态是丝毫得不到幸福的。

幸福箴言　*Sayings on happiness*

自来锦上添花多而雪中送炭少，但冰冷中的那一点温暖却会让受助的人铭记终生，所以，当你见到一些事情需要仗义执言，当你目睹一些遭际容不得你继续袖手旁观，就请你大胆地伸出你的援手，给予危机中的人一些帮助。点滴善行，积累沉淀，终会如江河湖海般广阔丰远。

良言一句三冬暖，恶语伤人六月寒。
温和得体的话语，
仿佛一阵和煦的春风，
吹平了褶皱，也吹进了对方的心中。

Happiness
小女人，也崇尚君子之交

商场上的伙伴总是做不成知心朋友，
在其中作祟的就是彼此之间错综复杂的利益关系。
生活中即便是真挚的朋友，
一旦涉及金钱问题也会发生争执或是产生误会，
甚至对这段友谊的坚固程度产生怀疑。

中国人有句话叫作"君子之交淡如水"，说的就是朋友之间的感情不应该染上利益的污垢，要保持精神上纯净的交往。虽然在商业社会里要求做到这种地步有些困难，不过想让自己的友情更加稳固，就不要把过多的金钱关系掺杂进友情当中。

我曾经遇到过很多抱怨自己朋友的例子，有的是因为与朋友之间薪资差异太多导致相处时很没有面子，有的是因为朋友之间借贷偿还不清而尴尬，有的则是因为与朋友产生了利益冲突而不得不放弃交往，还有的是因为朋友总是炫耀自己的财富而心中感到郁闷。总之归结起来，就是因为一个词——金钱。

曾经有一个学员向我诉说了她的苦闷，她告诉我两个月前，她的一个朋友向她借了一笔钱，但是因为这个，她们发生了很多不愉快的事情。

　　她对我说："卡耐基先生，我到现在都觉得莫名其妙。两个月前，我的一个朋友跑来向我借钱，我问他要做什么，他却怎么也不肯对我说，不过我还是借给他了。可是之后他就没有提过要还钱的话。我想问问他怎么回事，他就一直躲着我。看到我找他就乱发脾气，好像欠钱不还的人是我一样。这是怎么回事呢？难道是他想赖掉这笔借款吗？我们之间的友谊就值这么一点钱？"

　　这位学员明显对那位朋友很不满，说这些话的时候脸都是气鼓鼓的。她给出的资料太少了，我很难判断出她的这位朋友的品行如何，所以我只能给出一个中规中矩的建议。我说："也许你应该再等一下，或许他遇到了什么为难的事情不能还钱，但是又不好意思说还不了，所以才和你疏远。或许你可以暗中关注一下他的近况——但是不要太过刻意。如果你调查发现他真的因为钱的关系而欺骗你的话，这样的朋友不要也罢。"

　　在人际交往中，很多人都曾经告诫过我们：不要向朋友借钱。多好的朋友一旦出现借钱的事情也会很快出现隔阂。这大概是朋友之间发生冲突的情况中最常见的一种吧，一旦借了钱，就会涉及还钱的问题，很多人就是因为不能按时还钱，结果与朋友之间产生了裂痕。借贷就像是友情的拦路虎一样，总是会把好不容易建立起的情谊轻易打破。

　　在另一方面，朋友之间如果出现利益之争，那么这份友谊就会危险。俗话说"同行是冤家"，彼此有利益冲突的人很难做朋友，如果是相识之后发现利益冲突，往往意味着这段友谊走到了尽头。我曾经见过这样的事例：一对非常要好的朋友，突然变成竞争对手，因此成了冤家对头。

纳特拉和乌尔姆是华特广告公司的两个雇员，她们是大学里的同窗，在工作之后进入了同一家公司，后来又住进了同一栋大楼里面，两个人的关系可以说是相当亲密，她们都认为这段友谊可以持续很久。乌尔姆说过："当我们以后子孙成群、满头白发的时候，我们也要进同一家养老院，坐在同一片树荫下的摇椅上。"

然而这种美好愿望竟然很快就被现实打碎了。两个人所在的广告公司被收购，新的总裁实行了高度竞争的管理制度，将公司创意部门的员工分组，并配备了非常严格的考核制度。纳特拉和乌尔姆被分在了两个对立的组里。本来两个人还觉得没什么。但是不久之后她们就因为两个组之间争夺客户和拍摄场地而冲突不断，公司里有竞争关系的员工之间都开始横眉冷对。乌尔姆就因为自己的广告方案被纳特拉一方抢了创意又先一步送审而火冒三丈。就这样，不断发生的业务冲突中，两个人的友谊宣告结束，她们下班之后再也不愿意看到对方，不想再一起逛街或是谈天说地。——原本好好的朋友就这样散了。

每当看到这样的事情我都会很遗憾，我们是在现实生活中交朋友，所以不可避免地会掺杂进功利因素。如果一个人只是想与其他人互相利用，以达到自己想要的利益，那么所谓的"朋友"也只是商业伙伴而已。但是如果想得到一个真心的朋友，就要注意不要让

朋友之间染上金钱关系。

无论交情深浅，朋友之间的友谊常常会因为金钱而变质。金钱既是天使，可以把人们聚拢起来，也是魔鬼，会把人们紧密依靠的心灵撕开。朋友是人生中的重要支柱之一，是一个人在生活和事业上走向圆满和成功的基石。因此我们珍惜朋友，但是因为各种原因，我们与朋友之间会纠缠上各种金钱关系，并因此产生矛盾。要想和朋友一直走下去，就要把彼此的金钱关系理清楚，不要出现双方相处时一方总是占便宜或是吃亏的模式。

奎恩小姐和狄德罗小姐是一对好朋友，原本她们两个是通过参加读书探讨会认识的，彼此志趣相投，就经常一起出去吃饭、参加活动，成了好朋友。然而随着时间推移，狄德罗小姐发现了两个人之间的隔阂。奎恩小姐家中富有，花钱方面非常慷慨，而狄德罗小姐则是一般家庭，生活很是简朴。两个人开始因为外出的消费问题而争执。狄德罗小姐向奎恩小姐说明：去考究的场合自己负担不起，可以去一般地方就行。但是奎恩小姐却讨厌那些"低层次的地方"，表示说可以替狄德罗小姐买单。但是狄德罗小姐还是拒绝了，后来有人问她："奎恩家里那么有钱你就让她请呗！"狄德罗小姐生气地说："我欣赏奎恩的才华，所以我想和她当朋友，而不是一起逛街喝茶的闲人，所以我绝对不会碰她的钱。"

狄德罗依然和奎恩小姐是好朋友，但是削减了一起出去玩的次数，而且都是选择那种不需要花太多钱的活动。当我听说了这件事的时候，狄德罗小姐和奎恩小姐的友谊已经持续了将近八年，彼此的友谊却依然清澈。她们依然是当初因为同样的诗篇而一起感动得泪流满面的好朋友，没有因为彼此经济能力的差异而出现"占便宜"和"看不起"。

君子之交淡如水，神交虽然很难做到，但是面对现实仔细想想，在很多时候，我们用不必要的金钱关系把友谊弄得灰暗了。想要友谊更加光辉灿烂么，那么就把彼此的账目分开吧。

幸福箴言　　　　　*Sayings on happiness*

亲兄弟，明算账；小女人，也要崇尚清淡的君子之交。纯粹的友情一旦和金钱相互纠葛就会变得面目全非，不复往日的美好模样。为了不让朋友成为陌路，如何处理好金钱与情感间的关系，在二者之间取得平衡，是我们一生都要学习的课题。

Happiness

有来有往，友情不是一出独角戏

朋友之间相处应当是像天平一样，
彼此都是平等的，而且是互相给予。
当任何一方倾斜时，友谊就会失衡。

　　我在收到朋友礼物的时候不久就会给朋友也送上一份礼物，也许有人会觉得这样做麻烦，但我认为它是很必要的，对于维持友谊平衡有着很奇妙的作用。

　　在我的培训班有一个年轻的学员威利斯，她是纽约大学的在校学生，正在攻读硕士，因为自己在语言表达上的欠缺，她来到我这里学习演讲，增长自信。有一次，威利斯很犹豫地来问我一个问题。

　　她说："卡耐基先生，我最近不知道该怎么办才好，我的一个朋友对我说她的课程很难通过，想让我给她辅导，但是我最近要考一个执照好为将来就业做准备，所以学习很忙碌，而且平时还要来这里上课，我感到自己没有时间了。"

　　我听了以后以为只是一个不知道怎样拒绝的例子，便对她说："这没有什么大不了的，你可以把这些都告诉你的朋友，请她体谅，然后推荐她找另外的辅导人员，这不就可以了吗？"

然而威利斯却摇摇头，说："但是我一向都对她的要求予以满足的，这次突然拒绝她，她会不高兴的，万一她以后讨厌我，不再把我当朋友了怎么办？"

我吃了一惊，询问威利斯和朋友的相处模式，发现威利斯一直处于"给予"的地位，对朋友关怀备至，予取予求，而她的朋友却对她的需要漠不关心，于是我对威利斯提出了警告："威利斯，虽然这样说很遗憾，但是你和朋友之间在用一种失衡状态相处，我不知道你的朋友那么任性是她自身的原因，还是被你的大包大揽性格惯坏了。但是我必须提醒你，你和你的朋友对这段友谊的付出很不一致，如果你真的想和她她成为长久的朋友，就不要做单方面付出的事。还有，最好擦亮眼睛观察一下你的朋友的品质。"

送走了威利斯之后，我陷入了思考：在朋友之间，要怎样交往才能使友情达到"保鲜""保质"的目的？最终我认为，其中一个重要条件就是要保持交往过程中的"平衡"。

所谓平衡，我认为是指人际交往中双方同等的付出和收获，如果差别太大的话，那就是失衡，友谊也会因此变质。

人与人之间的友谊要通过交往来实现，要想使友谊如同流水一样活跃，就要时常让它流动起来。这种"流动"就是朋友之间一来一往的交流，主要表现为礼尚往来。

乔尼·西斯塔和玛奇·西斯塔是居住在纽约的一对夫妇，他们两个性格都那么开朗，喜欢和别人交往，因此也得到了散布于各邦的许多朋友。西斯塔夫妇喜欢旅行，他们每年都要驾车在美国大陆上游玩一个月左右。在此期间他们会顺路拜访一些老朋友，当然不能每个都会去看望——可能他们去的是新墨西哥，对方却在蒙大拿，但是那些没有拜访过的人他们会用电话或是其他通讯方式来交流。

西斯塔夫妇的圣诞节是最热闹的，因为他们要收很多的礼物，同时也要寄出很多的礼物。现在，帮助爸爸妈妈给礼物拆封已经是他们五岁的女儿莉莉的圣诞节必备节目了。

虽然这些礼物千奇百怪，有的是包装精美的过节礼品，有的是某个地区的特产，在洛杉矶的霍华德有一次很有创意地寄来一个雕琢过的树根，上面缠着飘带印着"看这像不像林肯？"字样。西斯塔夫妇当场捧腹大笑，然后打过电话去："一点都不像！"这些礼物就是西斯塔夫妇和他们的朋友之间联系友谊的纽带，大家虽然不能经常见面，却依然感到彼此很熟悉。

"礼尚往来"注重的是朋友之间交往状态的一种平衡。当然，它不一定是指彼此赠送礼物的金额与数量一致，有时候更是指情感上的关怀程度和交流次数。如果双方长时间付出与获得不成比例，朋友关系就会失衡。

梅德林和芭芭拉是大学的同学，有一次梅德林约芭芭拉第二天一起去逛街。到约定时间时，芭芭拉出现在她们约好的地方，脸色却不是很好，原来芭芭拉昨天晚上受凉腹泻，导致今天一天都没有什么力气。芭芭拉就问可不可以不去了。梅德林却很不体贴地说："都约好了，你别临时变卦，我下次可就没有时间了。"

结果两个人还是一起逛街了。但是半天下来梅德林却怒气冲冲的：芭芭拉一直脸色不好，走路也走不快，买衣服时问她意见也是有气无力的，导致她逛街都没有心情。

这不是很过分吗？她明明知道梅德林不舒服，对方肯陪她已经是很大的让步了，却依然自私地要求梅德林不仅要陪，还要"高高兴兴"地陪着。芭芭拉肯迁就她，她却不肯迁就芭芭拉，这种人恐怕不会对朋友"付出"。

朋友之间，爱的付出应该是对等的，就像上面的同学那样，芭芭拉可以为了朋友勉强自己出门，但是梅德林却不一样，她不知道关心朋友，不知道要为对方着想，总是自私自利地想着自己的心情。如此不对等的付出，彼此都不会满意，友谊最终也会走向决裂。

当双方的奉献和回报达到平衡的时候，就是友谊最令人愉快的时候，达到"如沐春风"的良好氛围。女士们，想要和朋友之间达到平衡，我有个建议：你要注意两方面，一是不要"太少"，一是不要"太多"。

朋友之间交往不要"太少"，就是说当你的朋友对你付出关心和爱护时，不要视作理所应当，而要充满感激并给予回馈。我们收到朋友的礼物时会感到非常喜悦，但是喜悦之后不要就把朋友忘了，想一想朋友那里有哪些地方需要你为他送上礼物或是付出关心。当你对朋友做到这些时，收获的就是彼此信任的目光。

朋友之间的感情交流不要"太多"，说的是那种热情过头的相处方式。很多人都对过于婆婆妈妈的人哭笑不得：他们对朋友十分关心，但是管得太多，总是对朋友付出过多的帮助和担忧。

法瑞是出口贸易公司的职员，她和大家的关系还不错，但是她总是很难交到非常亲密的朋友。究其原因，是因为曾经交往过的人都不喜欢她管得太多。

原来，法瑞和朋友交往时过于投入，总是把别人的事情当作自己的事，投入进去太多的感情。也许是因为她习惯照顾家中的弟妹，养成法瑞如同母鸡护雏一般的性格。法瑞只要看到朋友受委屈就会变得比他们还要难过或是气愤。曾经有一次，她的朋友安娜失恋找她诉苦，结果法瑞陪她一起痛斥了那个"负心人"一天。但是不久安娜与男友复合，法瑞却在情感上转不过弯来，一直对安娜的男友进行责备、警告，导致安娜都觉得她像个管家婆。

有位心理学家朋友告诉我法瑞这是一种心理疾病，属于"心理卷入程度过高"，表现为对他人过度关心，在情绪上甚至超过了当事人。我想这样的付出很难在朋友交往中找到平衡。

总之，女士们，如果想让自己的交际方式更"健康"，就一定要从自身抓起，培养出正确合理的对人对事态度。

幸福箴言　　　　　　　*Sayings on happiness*

　　每一段友情都需要经营，而经营中有两个很重要的环节就是倾听与反馈，当朋友向你倾诉心中不快，你需要用心聆听给出建议；当朋友向你投来求助的目光，你需要伸出援手给予帮助。友情，从来都是有来有往，不是独角戏，也不是一个人的独唱。

诗意的人生，优雅地过：
卡耐基写给女人的幸福箴言

文图编辑：柴　娜

美术编辑．何冬宁

封面设计：段　瑶

版式设计：何冬宁

插图绘制：童小喜